ISBN 978-3-662-33390-7   ISBN 978-3-662-33787-5 (eBook)
DOI 10.1007/978-3-662-33787-5

Softcover reprint of the hardcover 1st edition 1919

Inhaltsangabe.

                                                        Seite

I. Einleitung 3
II. Verzeichnis der Verbandsbestimmungen in ihrer neuesten Fassung 6
III. Kurze Inhaltsangabe der im Abschnitt II aufgeführten Verbandsbestimmungen 9
IV. Stichwort-Verzeichnis der in den Verbandsbestimmungen behandelten Fabrikate und Materialien 33
V. Stichwort-Verzeichnis der in den Verbandsbestimmungen benutzten Erklärungen und Begriffsbestimmungen 38
VI. Beschäftigung von Studierenden in Elektrizitätswerken . . . 40
VII. Sonstige vom Verband bezw. auf seine Veranlassung hin oder unter seiner Mitwirkung unternommene Arbeiten 43
VIII. Verzeichnis der Verbandsarbeiten, von denen Sonderdrücke erschienen sind 47
IX. Wichtige Angaben über den Verband 50

I. Einleitung.

Der Verband Deutscher Elektrotechniker hat schon im Jahre 1893 bei seiner ersten Jahresversammlung seine Arbeiten bezüglich Aufstellung von Normalien in Angriff genommen, und zwar bezog sich seine erste Arbeit auf die Schaffung einheitlicher Unterlagen bezüglich Kontaktgrößen und Schrauben. Im Laufe der nächsten Jahre folgten Normalien über Sicherungen, Fassungen, Steckkontakte, Dosenschalter, Hebelschalter usw.; besonders aber wurde im Jahre 1894 die Anregung zur Gründung der sogenannten „Sicherheitskommission" gegeben, welche alsbald an die Aufstellung der „Sicherheitsvorschriften für elektrische Starkstromanlagen" ging. Diese zunächst für Niederspannung ausgearbeiteten Vorschriften wurden allmählich auf weitere Spannungsbereiche ausgedehnt; sodann wurde auch das ganze Gebiet der elektrischen Bahnen bearbeitet. Es folgte im Laufe der Jahre eine ganze Reihe wichtiger Arbeiten, welche in den Abschnitten II und VII aufgezählt sind. Der Verband konnte schon nach einer zehnjährigen wissenschaftlich-technischen Tätigkeit auf so große Erfolge zurückblicken, daß die Herausgabe der von ihm aufgestellten Bestimmungen in gesammelter Form notwendig wurde. Im Jahre 1901 erschien die erste Ausgabe des Buches „Normalien, Vorschriften und Leitsätze des Verbandes Deutscher Elektrotechniker". Seit dieser Zeit haben sich die Ergebnisse der Arbeiten des Verbandes noch wesentlich vermehrt, wie am besten aus dem Umfang des „Normalienbuches" zu ersehen ist. Während dasselbe in seiner ersten Auflage einen Umfang von 183 Seiten hatte, enthält die letzte Auflage 436 Seiten. Es wurde nicht nur das gesamte Gebiet des Starkstromes behandelt, sondern vor einigen Jahren ist der Verband auch dazu übergegangen, das Gebiet des Schwachstromes in Bearbeitung zu nehmen.

Das Arbeitsgebiet des Verbandes ist zurzeit so groß, daß nur wenige in der Lage sein werden, alle einzelnen Arbeiten genau zu kennen. Es wird infolgedessen leicht vorkommen, daß mancher Fachmann selbst in dem Gebiet, welches er besonders bearbeitet, nicht genau über das unterrichtet sein wird, was der Verband darin bereits geleistet hat. Noch viel schwieriger wird es für Studierende der Elektrotechnik und für solche Ingenieure, welche sich erst der Elektrotechnik zuwenden wollen, sein, sich über die Arbeiten des Verbandes zu orientieren. Da aber einerseits die Errichtungs- und Betriebsvorschriften von den deutschen Bundesstaaten anerkannt und vom Preußischen Ministerium für Handel und Gewerbe den für die Revision elektrischer Anlagen zuständigen behördlichen Stellen als technische Richtschnur überwiesen sind, andererseits die meisten anderen vom Verband aufgestellten Bestimmungen mit den eben genannten Vorschriften in engem Zusammenhang stehen, so liegt es im Interesse aller Fachleute, welche sich mit der Konstruktion, Projektierung, Ausführung, dem Betrieb oder der Kontrolle elektrischer Anlagen befassen oder befassen wollen, daß sie sich mit den Verbandsarbeiten hinreichend vertraut machen. Um nun allen Fachleuten einen leichten Überblick über die Tätigkeit des Verbandes zu geben und es ihnen zu ermöglichen, aus seinen Arbeiten Nutzen zu ziehen, ist dieser „Wegweiser" zusammengestellt worden. Ursprünglich war seine Ausgabe bereits im Jahre 1914 vorgesehen, weil auf der Jahresversammlung 1914 des Verbandes die neuen seit dem 1. Juli 1915 gültigen Errichtungs- und Betriebsvorschriften fertiggestellt worden waren und im Zusammenhang damit ein großer Teil der anderen Arbeiten des Verbandes einer Neubearbeitung unterzogen wurde. Die Tätigkeit des Verbandes hatte somit durch die Beschlüsse der Jahresversammlung 1914 einen gewissen Abschluß erreicht, weswegen es angezeigt erschien, allen, welchen aus der Tätigkeit des Verbandes Förderung erwachsen kann, zu zeigen, wo sie die für sie nützlichen Angaben finden können.

Durch den Ausbruch des Krieges wurde aber die Herausgabe verzögert. Der Verband hatte nun infolge der durch den Krieg geschaffenen Lage sich mit der Frage beschäftigt, inwieweit seine Bestimmungen während der Dauer des Krieges und der Übergangszeit zur Friedenswirtschaft durchführbar seien und inwieweit Änderungen oder neue Bestimmungen geschaffen werden mußten. Durch die erst jetzt erfolgte Herausgabe des Wegweisers konnten auch diese Arbeiten noch Erwähnung in ihm finden, indem jeweils bei den in Frage kommenden Verbandsbestimmungen darauf hingewiesen wurde.

Dieser Wegweiser soll also dazu dienen, denjenigen, welche noch nicht über die Arbeiten des Verbandes unterrichtet sind, zu zeigen, was er bisher geschaffen hat, so daß sie Nutzen daraus ziehen können; denjenigen aber, welche bereits die Arbeiten des Verbandes ganz oder teilweise kennen, soll er ein Nachschlagebüchelchen sein, aus welchem sie ersehen können, wo sie die einzelnen Angaben, welche sie bei ihrer Arbeit benötigen, finden.

Zu diesem Zwecke wird zunächst im Abschnitt II eine Aufzählung der Verbandsbestimmungen in ihrer neuesten Fassung gebracht, und zwar sind diese laufend numeriert. Die Nummern werden später in den Abschnitten IV und V dazu benutzt, um bei den einzelnen Stichworten anzugeben, in welchen Bestimmungen die entsprechenden Angaben zu finden sind. Es wird weiterhin im Abschnitt III von jeder der zurzeit gültigen Bestimmungen eine kurze Inhaltsangabe gebracht, woraus derjenige, welcher die Bestimmung nicht kennt, ersehen kann, was darin zu finden ist. Im Anschluß hieran werden zwei Stichwortverzeichnisse gegeben, und zwar im Abschnitt IV ein solches für die wichtigsten Fabrikate und Materialien der Elektrotechnik, soweit sie in den vom Verband aufgestellten Bestimmungen behandelt sind, und im Abschnitt V ein Stichwortverzeichnis der in den Verbandsbestimmungen benützten Erklärungen und Begriffsbestimmungen. Das erstere Stichwortverzeichnis bezieht sich nur auf Angaben, welche dazu dienen, die in Frage kommenden Fabrikate oder die wichtigsten Teile derselben ordnungsmäßig herzustellen. Über die richtige V e r w e n d u n g der Fabrikate sind hier Angaben nicht gemacht, da dann das Stichwortverzeichnis viel zu umfangreich würde und infolgedessen der Überblick verloren ginge. Solche Stichwortverzeichnisse, welche über die V e r w e n d u n g der Fabrikate Angaben machen, sind in den einzelnen Sonderdrucken der Verbandsarbeiten, soweit sie größeren Umfang haben, enthalten.

Abschnitt VI enthält ein Verzeichnis solcher Elektrizitätswerke, welche sich auf Veranlassung des Verbandes mit Unterstützung der Vereinigung der Elektrizitätswerke bereit erklärt haben, Studierenden vorgerückten Semesters Gelegenheit zu einer praktischen Ergänzung ihres Studiums durch eine mehrmonatige Tätigkeit im Elektrizitätswerksbetrieb zu geben.

Im nächsten Abschnitt VII sind sonstige vom Verband bzw. auf seine Veranlassung hin oder unter seiner Mitwirkung unternommene Arbeiten angegeben, welche nicht in dem oben erwähnten Buche „Normalien, Vorschriften und Leitsätze" Aufnahme gefunden haben.

Abschnitt VIII enthält ein Verzeichnis der als Sonderdrucke herausgegebenen Verbandsarbeiten, so daß danach jeder in der Lage ist, sich diejenigen zu beschaffen, welche für ihn Interesse haben. Was er seinen jeweiligen Arbeiten entsprechend benötigt, kann er an Hand der Stichwortverzeichnisse finden.

Der Schluß dieses Wegweisers bringt im Abschnitt IX noch

wichtige Angaben über den Verband selbst, wie Wesen und Zweck desselben, seine Organisation, Erwerb der Mitgliedschaft zum Verband und dergleichen.

II. Verzeichnis der Verbandsbestimmungen in ihrer neuesten Fassung.

1. Vorschriften für die Errichtung und den Betrieb elektrischer Starkstromanlagen nebst Ausführungsregeln.
Gültig ab 1. Juli 1915. Veröffentlicht ETZ 1914 S. 478, 510, 720*).
2. Leitsätze für Schutzerdungen.
Gültig ab 1. Juli 1914. Veröffentlicht ETZ 1913 S. 691 u. 807; 1914 S. 604.
3. Leitsätze für die Ausführung von Schlagwetterschutzvorrichtungen an elektrischen Maschinen, Transformatoren und Apparaten.
Gültig ab 1. Juli 1912. Veröffentlicht ETZ 1912 S. 142.
4. Sicherheitsvorschriften für elektrische Straßenbahnen und straßenbahnähnliche Kleinbahnen.
Gültig ab 1. Oktober 1906. Veröffentlicht ETZ 1906 S. 798.
5. Vorschriften zum Schutze der Gas- und Wasserröhren gegen schädliche Einwirkungen der Ströme elektrischer Gleichstrombahnen, die die Schienen als Leiter benutzen.
Gültig ab 1. Juli 1910. Veröffentlicht ETZ 1910 S. 491.
6. Normalien für häufig gebrauchte Warnungstafeln.
Gültig ab 1. Juli 1910. Veröffentlicht ETZ 1910 S. 414 u. 491.
7. Empfehlenswerte Maßnahmen bei Bränden.
Gültig ab 1. Juli 1910. Veröffentlicht ETZ 1905 S. 720 und 1910 S. 414.
8. Anleitung zur ersten Hilfeleistung bei Unfällen im elektrischen Betriebe.
Gültig ab 1. Juli 1907. Veröffentlicht ETZ 1906 S. 1078.
9. Merkblatt für Verhaltungsmaßregeln gegenüber elektrischen Freileitungen.
Gültig ab 1. Juli 1914. Veröffentlicht ETZ 1914 S. 478.
10. Normalien für Freileitungen.
Gültig ab 1. Januar 1914. Veröffentlicht ETZ 1913 S. 1096*).
11. Allgemeine Vorschriften für die Ausführung elektrischer Stark-

---

*) Der Verband hat die von ihm aufgestellten Bestimmungen seit Anfang des Krieges daraufhin geprüft, ob und wieweit sie während der Kriegs- und Übergangszeit zur Friedenswirtschaft durchführbar sind und inwieweit Änderungen oder neue Bestimmungen notwendig erscheinen. Die Ergebnisse dieser Prüfungen sind bezw. werden jeweils in der ETZ bekanntgegeben. Sonderdrucke dieser Ausnahmebestimmungen sind hergestellt und bei der Geschäftsstelle des Verbandes erhältlich.

stromanlagen bei Kreuzungen und Näherungen von Bahnanlagen **).
Gültig ab 1. Juli 1908. Veröffentlicht ETZ 1908 S. 876.

12. Allgemeine Vorschriften für die Ausführung und den Betrieb neuer elektrischer Starkstromanlagen (ausschließlich der elektrischen Bahnen) bei Kreuzungen und Näherungen von Telegraphen- und Fernsprechleitungen ***).
Gültig ab 1. Juli 1908. Veröffentlicht ETZ 1908 S. 874.

13. Kupfernormalien.
Gültig ab 1. Juli 1914. Veröffentlicht ETZ 1914 S. 366 *).

14. Normalien für isolierte Leitungen in Starkstromanlagen.
Gültig ab 1. Juli 1915. Veröffentlicht ETZ 1914 S. 367 u. 604 *).

15. Normalien für isolierte Leitungen in Fernmeldeanlagen (Schwachstromleitungen).
Gültig ab 1. Juli 1914. Veröffentlicht ETZ 1914 S. 486 *).

16. Normalien über die Abstufung von Stromstärken bei Apparaten.
Gültig ab 1. Januar 1912. Veröffentlicht ETZ 1910 S. 323.

17. Normalien über Anschlußbolzen und ebene Schraubkontakte für Stromstärken von 10 bis 1500 A.
Gültig ab 1. Januar 1912. Veröffentlicht ETZ 1910 S. 326 *).

18. Leitsätze für die Konstruktion und Prüfung elektrischer Starkstromhandapparate für Niederspannungsanlagen (ausschließlich Koch- und Heizapparate).
Gültig ab 1. Juli 1914. Veröffentlicht ETZ 1914 S. 71 u. 478.

19. Normalien für Koch- und Heizapparate in Niederspannungsanlagen.
Gültig ab 1. Juli 1914. Veröffentlicht ETZ 1914 S. 341 u. 574.

20. Vorschriften für die Konstruktion und Prüfung von Installationsmaterial.
Gültig ab 1. Juli 1915. Veröffentlicht ETZ 1914 S. 515 u. 540 *).

---

*) Siehe Anmerkung S. 6.

**) Es wird darauf hingewiesen, daß für die Ausführung elektrischer Starkstromanlagen bei Kreuzungen und Näherungen von Bahnanlagen außer den obigen Verbandsbestimmungen in einigen Bundesstaaten noch besondere von diesen aufgestellte Bestimmungen zu beachten sind, in Preußen z. B. die vom Preußischen Ministerium der öffentlichen Arbeiten ausgearbeiteten „Bedingungen für fremde Starkstromleitungen auf Bahngelände", welche ETZ 1914 S. 803, 1916 S. 530 und 1917 S. 251 veröffentlicht sind.

***) Es wird darauf hingewiesen, daß für die Ausführung elektrischer Starkstromanlagen bei Kreuzungen und Näherungen von Telegraphen- und Fernsprechleitungen außer den obigen Verbandsbestimmungen die vom Reichspostamt im August 1912 erlassenen „Bestimmungen für die bruchsichere Führung von Starkstromleitungen oberhalb von Reichs-Telegraphen- und Fernsprechleitungen", sowie die dazu gehörigen Nachträge gelten. Letztere sind in der ETZ 1916 S. 705 und 1917 S. 326 und 511 abgedruckt. In einigen Bundesstaaten kommen noch besondere von diesen aufgestellte Bestimmungen in Betracht.

21. Vorschriften für die Konstruktion und Prüfung von Schaltapparaten für Spannungen bis einschließlich 750 V.
Gültig ab 1. Juli 1915. Veröffentlicht ETZ 1914 S. 513*).
22. Richtlinien für die Konstruktion und Prüfung von Wechselstrom-Hochspannungsapparaten von einschließlich 1500 V Nennspannung aufwärts*).
Gültig ab 1. Januar 1914. Veröffentlicht ETZ 1913 S. 1067.
23. Normalien für die Prüfung von Eisenblech.
Gültig ab 1. Juli 1914. Veröffentlicht ETZ 1914 S. 512.
24. Normalien für Bewertung und Prüfung von elektrischen Maschinen und Transformatoren.
Gültig ab 1. Juli 1914. Veröffentlicht ETZ 1913 S. 1038*).
25. Normalien für die Bezeichnung von Klemmen bei Maschinen, Anlassern, Regulatoren und Transformatoren.
Gültig ab 1. Juli 1909. Veröffentlicht ETZ 1908 S. 874 und 1909 S. 506.
26. Normale Bedingungen für den Anschluß von Motoren an öffentliche Elektrizitätswerke.
Gültig ab 1. Juli 1912. Veröffentlicht ETZ 1906 S. 663, 1909 S. 506 und 1912 S. 94.
27. Photometrische Einheiten.
Gültig ab 1. Juli 1910. Veröffentlicht ETZ 1897 S. 474 und 1910 S. 302.
28. Vorschriften für die Messung der mittleren horizontalen Lichtstärke von Glühlampen.
Gültig ab 1. Juli 1911. Veröffentlicht ETZ 1911 S. 402.
29. Normalien für Bogenlampen.
Gültig ab 1. Juli 1908. Veröffentlicht ETZ 1907 S. 304 und 1908 S. 440.
30. Vorschriften für die Photometrierung von Bogenlampen.
Gültig ab 1. Juli 1911. Veröffentlicht ETZ 1911 S. 403.
31. Vorschriften für Messung der Lichtstärke von röhrenförmig ausgebildeten Lichtquellen.
Gültig ab 1. Juli 1913. Veröffentlicht ETZ 1913 S. 396.
32. Normalien für die Beurteilung der Beleuchtung.
Gültig ab 1. Juli 1911. Veröffentlicht ETZ 1910 S. 303.
33. Einheitliche Bezeichnung von Bogenlampen.
Gültig ab 1. Juli 1909. Veröffentlicht ETZ 1909 S. 458.
34. Leitsätze für die Errichtung elektrischer Fernmeldeanlagen (Schwachstromanlagen).
Gültig ab 1. Juli 1914. Veröffentlicht ETZ 1913 S. 1069 und 1914 S. 540*).

---
*) Siehe Anmerkung S. 6.

35. Leitsätze für den Anschluß von Schwachstromanlagen an Niederspannungs-Starkstromnetze durch Transformatoren oder Kondensatoren (mit Ausschluß der öffentlichen Telegraphen- und Fernsprechanlagen).
Gültig ab 1. Juli 1912. Veröffentlicht ETZ 1912 S. 94 u. S. 697.
36. Prüfvorschriften für die gekürzte Untersuchung elektrischer Isolierstoffe.
Gültig ab 1. Juli 1914. Veröffentlicht ETZ 1913 S. 688 und 1914 S. 399.
37. Leitsätze über den Schutz der Gebäude gegen den Blitz. Nebst Erläuterungen, Ausführungsregeln und Anhängen.
Gültig ab 1. Juli 1901 bzw. 1. Juli 1913 bzw. 1. Juli 1914. Veröffentlicht ETZ 1901 S. 390, 1913 S. 538 und 1914 S. 519**).
38. Definition der elektrischen Eigenschaften gestreckter Leiter.
Gültig ab 1. Juli 1910. Veröffentlicht ETZ 1909 S. 1155 u. S. 1184.
39. Leitsätze für die Herstellung und Einrichtung von Gebäuden bezüglich Versorgung mit Elektrizität.
Gültig ab 1. Juli 1910. Veröffentlicht ETZ 1910 S. 825.
40. Normalien für die Verwendung von Elektrizität auf Schiffen.
Gültig ab 1. Juli 1904. Veröffentlicht ETZ 1904 S. 686.
41. Leitsätze betreffend die einheitliche Errichtung von Fortbildungskursen für Starkstrommonteure und Wärter elektrischer Anlagen.
Gültig ab 1. Juli 1910. Veröffentlicht ETZ 1910 S. 492.
42. Normalien für dreiteilige Taschenlampenbatterien.
Veröffentlicht ETZ 1916 S. 489 u. 1919 S. 62.
Anhang: Leitsätze für die Bedingungen, denen Elektrizitätszähler und Meßwandler bei der Beglaubigung genügen müssen. Aufgestellt gemeinsam mit der Physikalisch-Technischen Reichsanstalt. Veröffentlicht ETZ 1914 S. 601*).

III. Kurze Inhaltsangabe der im Abschnitt II aufgeführten Verbandsbestimmungen.

1. Vorschriften für die Errichtung und den Betrieb elektrischer Starkstromanlagen nebst Ausführungsregeln.*)
Gültig ab 1. Juli 1915.

Die Errichtungs- und Betriebsvorschriften bilden die Grundlage für die Herstellung und Benutzung elektrischer Anlagen. Durch sie soll erreicht werden, daß die Installateure in den verschiedenen

---
*) Siehe Anmerkung S. 6.
**) S. auch ETZ 1917 S. 890 und 1918 S. 289.

Gegenden die elektrischen Anlagen nach gleichen Grundsätzen ausführen. Die Beurteilung von Kostenvoranschlägen für geplante Anlagen soll erleichtert werden, indem die Güte der Materialien und die zulässigen Verlegungsarten in den Hauptpunkten durch einheitliche Bestimmungen festgelegt sind und so die Machenschaften ununterrichteter oder gewissenloser Unternehmer unterbunden werden. Weiter soll die Prüfung bestehender Einrichtungen vereinfacht und der Entstehung von Meinungsverschiedenheiten vorgebeugt werden. Vor allem sollen die Vorschriften aber Gefährdungen in bezug auf Leben und Feuer durch elektrische Anlagen möglichst verringern bzw ausschließen. Deshalb sollen sie auch den Behörden eine brauchbare Grundlage und Richtschnur für ihr Vorgehen bei Prüfungen oder Überwachungen bieten. Sie gelten als Ausdruck dessen, was die berufenen Vertreter der Elektrotechnik an Vorschriften zur sachgemäßen und sicheren Ausführung und Inbetriebhaltung elektrischer Starkstromanlagen für hinreichend und notwendig erachten, und sind in ihren neueren Fassungen von vielen Behörden als maßgebend anerkannt worden.

Der erste Entwurf wurde im Jahre 1895 aufgestellt; seitdem wurden die Vorschriften ständig den Fortschritten der Wissenschaft und Technik entsprechend ergänzt. So wurden sie durch besondere Bestimmungen für besonders wichtige Räume erweitert, wie z. B. elektrische Betriebsräume, Betriebsstätten, feuchte, durchtränkte und ähnliche Räume, Akkumulatorenräume, Räume mit ätzenden Dünsten, feuergefährliche und explosionsgefährliche Räume, Schaufenster, Warenhäuser und dergleichen, provisorische Einrichtungen, Theater und ähnliche Versammlungsräume. Um eine Anerkennung der Vorschriften seitens der Behörden zu erlangen, wurden sie im Jahre 1907 unter Mitwirkung eines Vertreters des Preußischen Ministeriums für Handel und Gewerbe und des Reichspostamtes geändert, indem aus ihnen alle diejenigen Forderungen entfernt wurden, die zwar in normalen Fällen durchführbar und empfehlenswert sind, deren Nichtbeachtung aber doch nicht in jedem Falle als strafbare Verfehlung von den Behörden angesehen werden kann. So wurden neben den „Vorschriften", deren Innehaltung auf jeden Fall zu fordern ist, eine Reihe von „Ausführungsregeln" aufgestellt, die den Weg angeben, auf dem in allen Durchschnittsfällen die in den Vorschriften enthaltenen Forderungen erfüllt werden können und der auch betreten werden soll, wenn nicht Gründe für ein Abweichen geltend zu machen sind. Ein anderer Teil des Inhaltes der ursprünglichen Vorschriften, der sich weniger auf die Sicherheit der Anlagen als vielmehr vorzugsweise auf Vereinbarungen über die Fabrikation bezog, wurde ganz aus den

Vorschriften entfernt und in besondere „Normalien" verwiesen. Auf diese Weise wurde es möglich, diese Vereinbarungen je nach den Erfahrungen, Fortschritten und Bedürfnissen der Praxis abzuändern, ohne jedesmal der ausdrücklichen Zustimmung der Behörden zu bedürfen. Zum letztenmal wurden die Vorschriften in den Jahren 1913/14 einer gründlichen Durchsicht unterzogen und gelten in der dabei entstandenen Form seit dem 1. Juli 1915.

Durch die Errichtungs- und Betriebsvorschriften hat sich eine unverkennbare Verbesserung des Zustandes elektrischer Anlagen bemerkbar gemacht, wie dies in den Aufstellungen der Feuerversicherungsgesellschaften und in den Unfallberichten der Gewerbeinspektionen, Bergbehörden usw. zutage tritt.

Die Kenntnis dieser Vorschriften ist sowohl für den projektierenden Ingenieur wie für den Montageleiter, Installateur, Monteur, den Fabrikanten und Händler elektrotechnischer Artikel, Fabrikbesitzer, Betriebsleiter usw. unerläßlich.

Im einzelnen ist der Inhalt der jetzt gültigen Vorschriften aus nachstehender Übersicht ohne weiteres zu ersehen.

Die Vorschriften gliedern sich in zwei Teile, von denen der erste die Errichtung elektrischer Anlagen behandelt, während der zweite sich auf den Betrieb bezieht. In diesem letzteren Teil wird angegeben, wie eine vorschriftsmäßig hergestellte Anlage in ordnungsmäßigem Zustand zu erhalten ist, damit sie auch dauernd die nötige Sicherheit bezüglich Leben und Feuer behält.

In einem Anhang sind einheitliche Bezeichnungen, wie sie in schematischen Darstellungen elektrischer Starkstromanlagen Verwendung finden, zusammengestellt.

Inhaltsübersicht.
I. Errichtungsvorschriften.
§ 1. Geltungsbereich.

A. Erklärungen.
§ 2.

B. Allgemeine Schutzmaßnahmen.
§ 3. Schutz gegen Berührung (Erdung).
§ 4. Übertritt von Hochspannung.
§ 5. Isolationszustand.

C. Maschinen, Transformatoren und Akkumulatoren.
§ 6. Elektrische Maschinen.
§ 7. Transformatoren.
§ 8. Akkumulatoren.

§ 9.   D. Schalt- und Verteilungsanlagen.

E. Apparate.

§ 10. Allgemeines.
§ 11. Ausschalter und Umschalter.
§ 12. Anlasser und Widerstände.
§ 13. Steckvorrichtungen.
§ 14. Schmelzsicherungen und Selbstschalter.
§ 15. Andere Apparate.

F. Lampen und Zubehör.

§ 16. Fassungen und Glühlampen.
§ 17. Bogenlampen.
§ 18. Beleuchtungskörper, Schnurpendel und Handlampen.

G. Beschaffenheit und Verlegung der Leitungen.

§ 19. Beschaffenheit isolierter Leitungen.
§ 20. Bemessung der Leitungen.
§ 21. Allgemeines über Leitungsverlegung.
§ 22. Freileitungen.
§ 23. Installationen im Freien.
§ 24. Leitungen in Gebäuden.
§ 25. Isolier- und Befestigungskörper.
§ 26. Rohre.
§ 27. Kabel.

H. Behandlung verschiedener Räume.

§ 28. Elektrische Betriebsräume.
§ 29. Abgeschlossene elektrische Betriebsräume.
§ 30. Betriebsstätten.
§ 31. Feuchte, durchtränkte und ähnliche Räume.
§ 32. Akkumulatorenräume.
§ 33. Betriebsstätten und Lagerräume mit ätzenden Dünsten.
§ 34. Feuergefährliche Betriebsstätten und Lagerräume.
§ 35. Explosionsgefährliche Betriebsstätten und Lagerräume.
§ 36. Schaufenster, Warenhäuser und ähnliche Räume, wenn darin leicht entzündliche Stoffe aufgestapelt sind.

J. Provisorische Einrichtungen, Prüffelder und Laboratorien.

§ 37.

K. Theater und diesen gleichzustellende Versammlungsräume.

§ 38. Allgemeine Bestimmungen.
§ 39. Bestimmungen für das Bühnenhaus.

L. Weitere Vorschriften für Bergwerke unter Tage.
§ 40. Verlegung in Schächten.
§ 41. Schlagwettergefährliche Grubenräume.
§ 42. Fahrdrähte und Zubehör elektrischer Grubenbahnen.
§ 43. Fahrzeuge elektrischer Grubenbahnen.
§ 44. Abteufbetrieb.
§ 45. Schießbetrieb (im Anschluß an Starkstromanlagen).
§ 46. Betriebe im Abbau.

M. Inkrafttreten der Errichtungsvorschriften.
§ 47.

II. Betriebsvorschriften.
§ 1. Erklärungen.
§ 2. Zustand der Anlagen.
§ 3. Warnungstafeln, Vorschriften und schematische Darstellungen.
§ 4. Allgemeine Pflichten der im Betriebe Beschäftigten.
§ 5. Bedienung elektrischer Anlagen.
§ 6. Maßnahmen zur Herstellung und Sicherung des spannungsfreien Zustandes.
§ 7. Maßnahmen bei Unterspannungsetzung der Anlage.
§ 8. Arbeiten unter Spannung.
§ 9. Arbeiten in der Nähe von Hochspannung führenden Teilen.
§ 10. Zusatzbestimmungen für Akkumulatorenräume.
§ 11. Zusatzbestimmungen für Arbeiten in explosionsgefährlichen, durchtränkten und ähnlichen Räumen.
§ 12. Zusatzbestimmungen für Arbeiten an Kabeln.
§ 13. Zusatzbestimmungen für Arbeiten an Freileitungen.
§ 14. Zusatzbestimmungen für Arbeiten in Prüffeldern und Laboratorien.
§ 15. Inkrafttreten der Betriebsvorschriften.

Anhang:
Schematische Darstellungen.

2. Leitsätze für Schutzerdungen.
Gültig ab 1. Juli 1914.

Diese Leitsätze geben an, wie die allgemeinen Bestimmungen der §§ 3 und 4 der Errichtungsvorschriften in Hochspannungsanlagen im einzelnen auszuführen sind. Es ist beabsichtigt, für Niederspannungsanlagen noch eine Ergänzung folgen zu lassen. Die Leitsätze sind mit Erläuterungen versehen, in welchen Zahlenangaben für die Bemessung der Erdungen, Erdleitungen usw. sich vorfinden. Über den Inhalt der Leitsätze gibt nachfolgende Übersicht Aufschluß.

I. Allgemeines.

A. Zweck der Erdung. **B. Begriffserklärung.**

II. Anwendung der Erdung.

1. Schutzerdung in elektrischen Betriebsräumen, Betriebsstätten und dergleichen Verbrauchsanlagen.
2. Schutzerdung für Leitungen im Freien.

III. Ausführung der Erdung.

3. Leitsätze für die Ausführung von Schlagwetter-Schutzvorrichtungen an elektrischen Maschinen, Transformatoren und Apparaten.

Gültig ab 1. Juli 1912.

Die Leitsätze geben Aufschluß über die verschiedenen Möglichkeiten schlagwettersicherer Kapselungen und über die Art der Anwendung derselben in einzelnen Fällen.

Über den Inhalt der Leitsätze gibt nachfolgende Übersicht Aufschluß:

A. Die verschiedenen Arten der Schutzvorrichtungen.

I. Geschlossene Kapselung.   III. Drahtgewebekapselung.
II. Plattenschutzkapselung.   IV. Ölkapselung.

B. Anwendung der einzelnen Schutzvorrichtungen.

C. Andere Bauarten.

4. Sicherheitsvorschriften für elektrische Straßenbahnen und straßenbahnähnliche Kleinbahnen. (Bahnvorschriften.)

Gültig ab 1. Oktober 1906.

Diese Sicherheitsvorschriften beziehen sich auf Kraftwerke, Hilfswerke, Leitungsanlagen, Fahrzeuge und sonstige Betriebsmittel von Straßenbahnen in Ortschaften und von straßenbahnähnlichen Kleinbahnen, deren Spannung 1000 V gegen Erde nicht übersteigt. Sie haben für Bahnanlagen die gleiche Bedeutung wie die unter 1. aufgeführten Errichtungs- und Betriebsvorschriften für gewöhnliche elektrische Anlagen. Diese Bahnvorschriften sind gleichfalls als die anerkannten Regeln der Technik anzusehen und sind auch von dem Preußischen Ministerium der öffentlichen Arbeiten anerkannt und von ihm zu einem Teil der Bau- und Betriebsvorschriften für Straßenbahnen und straßenbahnähnliche Kleinbahnen gemacht worden.

Über den Inhalt der Vorschriften gibt nachstehende Übersicht Aufschluß:

Erster Abschnitt.
Bauvorschriften.
A. Allgemeines.
§ 1. Pläne.
§ 2. Erklärungen.
B. Beschaffenheit und Verlegung des zu verwendenden Materials.
§ 3. Erdung.
§ 4. Übertritt von höherer Spannung.

Isolier- und Befestigungskörper.
§ 5. Isolierstoffe.
§ 6. Holzleisten und Krampen.
§ 7. Isolierglocken, -rollen und -ringe.
§ 8. Befestigungsklemmen.
§ 9. Fahrdrahtisolatoren.
§ 10. Rohre.

Leitungen.
§ 11. Beschaffenheit und Belastung der Leiter.
§ 12. Isolierte Leitungen.
§ 13. Leitungen im allgemeinen.
§ 14. Kabel.

Apparate.
§ 15. Vorschriften für alle Apparate.
§ 16. Sicherungen.
§ 17. Ausschalter, Umschalter, Anlasser u. dgl.
§ 18. Steckvorrichtungen u. dgl.
§ 19. Schalt- und Verteilungstafeln.
§ 20. Bogenlampen.
§ 21. Beleuchtungskörper.

C. Kraftwerke und diesen gleichgestellte Betriebsräume.
§ 22. Aufstellung von Generatoren, Elektromotoren und Umformern.
§ 23. Akkumulatorenräume.
§ 24. Leitungen in Gebäuden.
§ 25. Wand- und Deckendurchführungen.
§ 26. Einführung von Freileitungen in Gebäude.

D. Vorschriften für die Strecke.
§ 27. Freileitungen.
§ 28. Luftweichen und Fahrdrahtkreuzungen.
§ 29. Turmwagen und Gerüstleitern.

§ 30. Kabel.
§ 31. Schienenrückleitung.
§ 32. Unterirdische Fahrleitungen.

E. Fahrzeuge.

§ 33. Erdung.
§ 34. Elektromotoren und Umformer.
§ 35. Akkumulatoren.
§ 36. Leitungen.
§ 37. Schalttafeln.
§ 38. Fahrschalter.
§ 39. Sicherungen.
§ 40. Ausschalter.
§ 41. Blitzschutzvorrichtungen.
§ 42. Lampen.

Zweiter Abschnitt.
Betriebsvorschriften.

§ 43. Isolationsprüfungen.
§ 44. Regelmäßige Untersuchungen.
§ 45. Arbeiten im Betriebe.
§ 46. Löschmittel.
§ 47. Inkrafttreten der Vorschriften.

5. Vorschriften zum Schutze der Gas- und Wasserröhren gegen schädliche Einwirkungen der Ströme elektrischer Gleichstrombahnen, die die Schienen als Leiter benutzen.
Gültig ab 1. Juli 1910.

Diese Vorschriften sind von der Vereinigten Erdstromkommission, welche vom Deutschen Verein von Gas- und Wasserfachmännern, dem Verband Deutscher Elektrotechniker und dem Verein Deutscher Straßenbahn- und Kleinbahnverwaltungen gebildet worden war, aufgestellt worden. Sie regeln die Anlage von Gleichstrombahnen, welche die Schienen als Leiter benutzen mit Ausnahme derjenigen, welche auf besonderem Bahnkörper isoliert verlegt sind.

Über den Inhalt der Vorschriften gibt nachstehende Übersicht Aufschluß:

§ 1. Geltungsbereich.
§ 2. Schienenleitung.
§ 3. Schienenspannung.
§ 4. Übergangswiderstand.
§ 5. Stromdichte.
§ 6. Überwachung.

6. Normalien für häufig gebrauchte Warnungstafeln.
Gültig ab 1. Juli 1910.

Die Normalien behandeln die Ausführung der Warnungsschilder und schaffen eine Einheitlichkeit in bezug auf Wortlaut und Größe der Tafeln.

Über den Inhalt der Normalien gibt nachfolgende Übersicht Aufschluß:
I. Für Hochspannungsanlagen.
II. Für Niederspannungsanlagen.
III. Allgemeines.

7. Empfehlenswerte Maßnahmen bei Bränden.
Gültig ab 1. Juli 1910.

Es werden Hinweise gegeben, wie man sich bei einem ausbrechenden Brande in bezug auf die elektrische Installation in den vom Brande betroffenen oder bedrohten Räumen zu verhalten hat. Des weiteren wird noch ein Hinweis gegeben, wie die vom Brande betroffenen Teile der Anlage nach Beendigung der Löscharbeiten behandelt werden sollen.

Über den Inhalt der empfehlenswerten Maßnahmen gibt nachfolgende Übersicht Aufschluß:
A. Betriebsanlagen.
B. Installationen.
C. Freileitungen.
Empfehlenswerte Maßnahmen nach dem Brande.

8. Anleitung zur ersten Hilfeleistung bei Unfällen im elektrischen Betriebe.
Aufgestellt unter Mitwirkung des Reichsgesundheitsrats.
Gültig ab 1. Juli 1907.

Die Anleitung gibt an, wie man sich bei elektrischen Unfällen zu verhalten hat. Es wird gezeigt, wie der Verunglückte der Einwirkung des elektrischen Stromes zu entziehen und wie bei eingetretener Bewußtlosigkeit zu verfahren ist. Im Falle Verbrennungen vorliegen, werden Angaben über die Behandlung der Wunden gegeben.

9. Merkblatt für Verhaltungsmaßregeln gegenüber elektrischen Freileitungen.
Gültig ab 1. Juli 1914.

Das Merkblatt gibt an, wie man sich gegenüber elektrischen Freileitungen zu verhalten hat, und zwar wird diese Frage besonders noch für Kinder ausführlicher behandelt.

10. Normalien für Freileitungen.*)
Gültig ab 1. Januar 1914.

Die Normalien regeln die Ausführung von Freileitungen. Sie geben sowohl Unterlagen für Auswahl und richtige Bemessung des

---
*) Siehe Anmerkung S. 6.

Leitungsmaterials wie auch der Gestänge. In einem besonderen Anhang wird eine große Anzahl von Spanntabellen hinzugefügt. Ausführliche Erläuterungen geben noch weitere Unterlagen für die zweckmäßige Ausführung der Freileitungen.

Eine Verfügung des Preußischen Ministeriums für Landwirtschaft, Domänen und Forsten betreffend Führung von Starkstromleitungen durch Forstbestände ist weiterhin als Ergänzung hinzugefügt. Diese Verfügung, welche von dem genannten Ministerium nach Anhörung des Verbandes Deutscher Elektrotechniker herausgegeben worden ist, gibt an, in welchem Umfang der Aufhieb durchzuführen ist, welche jährlichen Mietzinsen und welche einmaligen Entschädigungen zu zahlen sind. Weiter werden Angaben über die abzuschließenden Verträge gemacht.

Über den Inhalt der Normalien gibt nachstehende Übersicht Aufschluß:

I. Leitungen.
 a) Geltungsbereich.
 b) Normale Querschnitte.
 c) Material.
  1. Normales Material.
  2. Anderes Material.
 d) Festigkeitsrechnungen.
 e) Leitungsverbindungen.
 f) Fernsprechleitungen.

II. Gestänge.
 a) Allgemeines.
 b) Holzgestänge.
 c) Gestänge aus Flußeisen.
 d) Gestänge aus besonderen Materialien.
 e) Aufstellung der Gestänge.
 f) Konstruktion der Gestänge mit Rücksicht auf Vogelschutz.

III. Befestigungspunkte der Leitungen.
 a) Bunde.
 b) Isolatoren.
 c) Stützen.

IV. Besondere Bestimmungen zur Vermeidung von Schutznetzen.

V. Prüfung fertiger Hochspannungsfreileitungen mit Spannungen von 2000 bis einschließlich 50000 V.

Anhang:

Grenzwerte für Montagetabellen für blanke Kupfer- und Aluminiumleitungen.

I. Zug- und Durchhangstabellen für blanke Kupferleitungen.

II. Zug- und Durchhangstabellen für blanke Aluminiumleitungen.

Erläuterungen zu den „Normalien für Freileitungen".
Allgemeine Verfügung Nr. 29/1913 des Preußischen Ministeriums für Landwirtschaft, Domänen und Forsten, Geschäftsnummer III 5960 vom 27. Juni 1913 betreffend:
Führung von Starkstromleitungen durch Forstbestände.
I. Aufhiebe. III. Einmalige Entschädigung.
II. Jährliche Mietzinse. IV. Verträge.

11. Allgemeine Vorschriften für die Ausführung elektrischer Starkstromanlagen bei Kreuzungen und Näherungen von Bahnanlagen.*)
Gültig ab 1. Juli 1908.

Diese Vorschriften wurden in gemeinschaftlicher Beratung zwischen Vertretern einiger Eisenbahnverwaltungen und des Verbandes Deutscher Elektrotechniker aufgestellt. Sie bildeten die Grundlage für die in den Einzelstaaten erlassenen Verordnungen.

Über den Inhalt der Vorschriften gibt nachfolgende Übersicht Aufschluß:

§ 1. Allgemeines.
   1. Einschränkung von Kreuzungen und Näherungen.
   2. Ausführungsarten der Kreuzungen.
   3. Beschaffenheit der Kreuzungen und Näherungen.
§ 2. Besondere Vorschriften.
   A. Oberirdische Kreuzungen.
     1. Anordnung der Leitungsanlage.
     2. Beanspruchung und Spannweite der Leitungsanlage.
     3. Beschaffenheit der Tragkonstruktionen.
     4. Aufstellung der Tragkonstruktionen.
     5. Beschaffenheit der Leitungen.
   B. Unterirdische Kreuzungen.
     1. Verlegung der Kabel.
     2. Tiefe der Verlegung unter der Erdoberfläche.
   C. Näherungen von Starkstromleitungen an Eisenbahnanlagen und an bahneigene Schwachstromleitungen.
§ 3. Bestimmungen über die Bauausführung.
   1. Pläne zum Genehmigungsgesuch.
   2. Benachrichtigung von der Inangriffnahme und Beaufsichtigung der Arbeiten.
   3. Vermehrung der Unterhaltungskosten.
§ 4. Verbesserung unzulänglicher Einrichtungen.
§ 5. Betriebseinstellung der Starkstromanlage.
§ 6. Abänderung der Anlagen der Eisenbahnverwaltung.

---
*) Siehe Anmerkung **) S. 7.

§ 7. Abänderung der Starkstromanlage.
§ 8. Haftbarkeit des Unternehmers der Starkstromanlage.
§ 9. Beseitigung der Starkstromanlage.

12. Allgemeine Vorschriften für die Ausführung und den Betrieb neuer elektrischer Starkstromanlagen (ausschließlich der elektrischen Bahnen) bei Kreuzungen und Näherungen von Telegraphen- und Fernsprechleitungen.*)
Gültig ab 1. Juli 1908.

Diese Vorschriften wurden in gemeinschaftlicher Beratung zwischen Vertretern der Postverwaltungen und des Verbandes Deutscher Elektrotechniker aufgestellt. Sie bildeten die Grundlage der von dem Reichspostamt bzw. den anderen Postverwaltungen erlassenen Verordnungen.

Es werden darin Angaben für die Ausführung von Starkstromanlagen mit Rücksicht auf Verhütung von Störungen der Schwachstromanlagen gemacht. Insbesondere wird die Ausführung von Kreuzungsstellen geregelt, und zwar sowohl die Kreuzungen von Starkstromfreileitungen wie Starkstromkabelleitungen mit Telegraphen- und Fernsprechleitungen.

13. Kupfernormalien.**)
Gültig ab 1. Juli 1914.

In den Normalien werden Angaben über den höchsten zulässigen Widerstand, welcher an Leitungskupfer für 1 km Länge und 1 qmm Querschnitt bei 20° C. vorkommen darf, gemacht. Des weiteren wird festgelegt, wie der Widerstand sich bei verschiedener Temperatur ändert und wie die Querschnittsmessungen zu erfolgen haben. In einem Anhang werden noch die international bezüglich Kupfer vereinbarten Werte gegeben.

14. Normalien für isolierte Leitungen in Starkstromanlagen.**)
Gültig ab 1. Juli 1915.

Diese Normalien regeln die Ausführung des gesamten in der Starkstromtechnik verwendeten isolierten Leitungsmaterials. Es wird darin festgelegt, wie die einzelnen Drahtsorten und die Kabel aufgebaut sein sollen und was für Eigenschaften die Isolierstoffe haben müssen.

Über den Inhalt der Normalien gibt nachstehende Übersicht Aufschluß:

---

*) Siehe Anmerkung ***) S. 7.
**) Siehe Anmerkung S. 6.

A. Gummiisolierte Leitungen.
I. Allgemeines.
1. Beschaffenheit der Kupferleiter.
2. Zusammensetzung der Gummihülle.
3. Verwendungsbereich.

II. Bauart und Prüfung der Leitungen.
1. Leitungen für feste Verlegung.
 a) Gummiaderleitungen . . . . (GA)
 b) Spezialgummiaderleitungen . (SGA)
 c) Rohrdrähte . . . . (RA)
 d) Panzeradern . . . . . . (PA)
2. Leitungen für Beleuchtungskörper.
 a) Fassungsadern . . . . . . (FA)
 b) Pendelschnüre . . . . . . (PL)
3. Leitungen zum Anschluß ortsveränderlicher Stromverbraucher.
 a) Gummiaderschnüre . . . . (SA)
 b) Werkstattschnüre . . . . . (WK)
 c) Spezialschnüre . . . . . . (SGK, SK)
 d) Hochspannungsschnüre . . . (HK)
 e) Leitungstrossen . . . . . . (LT)

B. Bleikabel.
I. Gummibleikabel.
II. Papier oder Faserstoffbleikabel.
1. Einleiter-Gleichstrom-Bleikabel.
2. Konzentrische und verseilte Mehrleiter-Bleikabel.

C. Belastungstabellen für isolierte Leitungen.
I. Kupferleitungen.
1. Belastungstabelle für gummiisolierte Leitungen.
2. Belastungstabelle für Bleikabel.

II. Aluminiumleitungen.
1. Belastungstabelle für Einleiterkabel mit Aluminiumleiter.

15. Normalien für isolierte Leitungen in Fernmeldeanlagen (Schwachstromleitungen)[*].
Aufgestellt vom V. D. E. in Gemeinschaft mit dem Verband der elektrotechnischen Installationsfirmen in Deutschland.

Gültig ab 1. Juli 1914.

Diese Normalien regeln die Ausführung des gesamten in der Schwachstromtechnik verwendeten isolierten Leitungsmaterials. Es

---
[*] Siehe Anmerkung S. 6.

wird darin festgelegt, wie die einzelnen Drahtsorten und die Kabel aufgebaut sein sollen und was für Eigenschaften die Isolierstoffe haben müssen.

Über den Inhalt der Normalien gibt nachfolgende Übersicht Aufschluß:

Allgemeines.
1. Asphaltdraht . . . . (A)
2. Draht mit Papierisolierung . . . . (P)
3. Draht mit Lack- (Emaille-) und Faserstoffisolierung (L)
4. Gummiaderdraht . . . . (Z)
5. Kabel ohne Bleimantel
6. Kabel mit Bleimantel
7. Schnüre . . . . (BS)

16. Normalien für die Abstufung von Stromstärken bei Apparaten.

Gültig ab 1. Januar 1912.

Die Normalien geben die üblichen Abstufungen von Stromstärken in dem Gebiet von 2 bis 6000 A.

17. Normalien über Anschlußbolzen und ebene Schraubkontakte für Stromstärken von 10 bis 1500 A.[*]

Gültig ab 1. Januar 1912.

Die Normalien regeln die Abmessungen der Anschlußbolzen und der Kontaktflächen der Anschlußstellen für Stromstärken von 10 A an aufwärts.

18. Leitsätze für die Konstruktion und Prüfung elektrischer Starkstrom-Handapparate für Niederspannungsanlagen (ausschließlich Koch- und Heizapparate).

(Massageapparate, Heißluftapparate, Tischventilatoren, Haushaltungsmotoren, Staubsauger, Handmagnete, Spannfutter, Handbohrmaschinen sowie ähnliche elektrische Betriebswerkzeuge und dergl.)

Gültig ab 1. Juli 1914.

Die Leitsätze geben Unterlagen für die Herstellung der zum Anschluß an Starkstromanlagen bestimmten Handapparate. Es soll hierdurch eine solide Ausführung dieser hauptsächlich in Laienhände kommenden Fabrikate erzielt werden, um die Verbraucherkreise vor Schädigungen durch Elektrizität zu sichern.

Über den Inhalt der Leitsätze gibt nachfolgende Übersicht Aufschluß:

---
[*] Siehe Anmerkung S. 6.

A. Allgemeines.
B. Berührungsschutz.
C. Anschlüsse und Verbindungsstellen.
D. Zuleitungen.
E. Prüfung.

19. Normalien für Koch- und Heizapparate in Niederspannungsanlagen.
Gültig ab 1. Juli 1914.

In den Normalien werden Angaben gemacht, wie Koch- und Heizapparate in Hinsicht auf Betriebssicherheit gebaut sein sollen, insbesondere auch in Hinsicht darauf, daß die Apparate verschiedener Hersteller mit den gleichen Anschlußschnüren usw. benutzt werden können. Über den Inhalt der Normalien gibt nachfolgende Übersicht Aufschluß:

A. Allgemeines.
B. Berührungsschutz.
C. Anschlüsse und Verbindungsstellen.
D. Zuleitungen.
E. Prüfung.
F. Schalt- und Reguliervorrichtungen.
G. Besondere Bestimmungen.

20. Vorschriften für die Konstruktion und Prüfung von Installationsmaterial.*)

(Dosenschalter, Steckvorrichtungen, Sicherungen mit geschlossenem Schmelzeinsatz, Fassungen und Lampenfüße, Edisongewinde, Nippel, Handlampen, Rohre, Verteilungstafeln.)

Gültig ab 1. Juli 1915.

Diese Vorschriften bilden die Grundlage für den Bau des gesamten Installationsmaterials. Sie geben Anhaltspunkte, wie die Apparate zu konstruieren sind und wie die fertigen Apparate geprüft werden sollen, damit der Verbraucher die Sicherheit hat, zuverlässige Apparate zu erhalten. Bei solchen Apparaten, bei denen eine Verwechselbarkeit verschiedener Fabrikate möglich ist, wie z. B. bei Streckvorrichtungen, sind genaue Maßangaben gemacht, so daß dadurch erreicht wird, daß z. B. Stecker des einen Fabrikates in Dosen eines anderen Fabrikates passen. Das gleiche gilt für die auswechselbaren Teile der geschlossenen Schmelzsicherungen. Für den Bau von Fassungen ist ein Beispiel einer den Normalien entsprechenden Konstruktion gegeben und es sind Normalausführungen für die Fassungsringe und für die Unverwechselbarkeitsringe bei Pauschalfassungen gemacht. Des weiteren sind die Normalmaße für

---
*) Siehe Anmerkung S. 6.

die verschiedenen Edisongewinde und für das Nippelgewinde festgelegt und für Rohre die Normalmaße angegeben.

Über den Inhalt der Vorschriften gibt nachfolgende Übersicht Aufschluß:

A. Vorbemerkungen.
B. Geltungsbereich § 1.
C. Begriffsbestimmungen § 2.
D. Allgemeines § 3.
E. Dosenschalter §§ 4 bis 14.
F. Steckvorrichtungen §§ 15 bis 23.
G. Sicherungen mit geschlossenem Schmelzeinsatz §§ 24 bis 33.
H. Fassungen und Lampenfüße §§ 34 bis 45.
J. Edisongewinde § 46.
K. Nippel § 47.
L. Handlampen § 48.
M. Papierrohre (Isolierrohre) mit Metallmantel und Metallrohre für Verschraubung § 49.
N. Verteilungstafeln § 50.

21. Vorschriften für die Konstruktion und Prüfung von Schaltapparaten für Spannungen bis einschl. 750 V.[*]

(Hebelschalter, Ölschalter, offene Schmelzsicherungen, Anlasser und Regulierwiderstände.)

Gültig ab 1. Juli 1915.

Diese Vorschriften bilden die Grundlage für den Bau der verschiedenen größeren Schaltapparate für Spannungen bis einschließlich 750 V. Sie geben Anhaltspunkte, wie die Apparate zu konstruieren sind und wie die fertigen Apparate geprüft werden sollen, damit der Verbraucher die Sicherheit hat, zuverlässige Apparate zu erhalten.

Über den Inhalt der Vorschriften gibt nachfolgende Übersicht Aufschluß:

A. Vorbemerkungen.
B. Geltungsbereich § 1.
C. Begriffsbestimmungen § 2.
D. Allgemeines § 3.
E. Hebelschalter und Ölschalter §§ 4 bis 21.
  Besondere Bestimmungen für Hebelschalter (Messerschalter).
  Besondere Bestimmungen für Ölschalter.
  Bestimmungen für Ölselbstausschalter und Ölfernschalter.
F. Offene Schmelzsicherungen §§ 22 bis 25.
G. Anlasser und Regulierwiderstände §§ 26 bis 38.

---
[*] Siehe Anmerkung S. 6.

22. Richtlinien für die Konstruktion und Prüfung von Wechselstrom-Hochspannungsapparaten von einschl. 1500 V Nennspannung aufwärts.*)

(Ölschalter, Trennschalter, Stützisolatoren, Durchführungen, Kabelendverschlüsse, Überspannungsschutzapparate, Schmelzsicherungen, Stromtransformatoren und Freileitungsapparate.)

Gültig ab 1. Januar 1914.

Diese Richtlinien bilden die Grundlage für den Bau der verschiedenen Hochspannungsapparate von 1500 V aufwärts. Sie geben Anhaltspunkte, wie die Apparate zu konstruieren sind und wie die fertigen Apparate geprüft werden sollen, damit der Verbraucher die Sicherheit hat, zuverlässige Apparate zu erhalten. Auch für die richtige Verwendung der Hochspannungsapparate sind die entsprechenden Hinweise in den Richtlinien gegeben und außerdem sind in einem Anhang durch Beispiele diese Hinweise noch erläutert.

Über den Inhalt der Richtlinien gibt nachfolgende Übersicht Aufschluß:

A. Allgemeine Bestimmungen §§ 1 bis 7.
B. Besondere Bestimmungen für Ölschalter §§ 8 bis 25.
C. Besondere Bestimmungen für Trennschalter §§ 26 bis 28.
D. Besondere Bestimmungen für Freileitungsapparate bis einschl. 35 000 V §§ 29 bis 32.
E. Anhang.

23. Normalien für die Prüfung von Eisenblech.

Gültig ab 1. Juli 1914.

In den Normalien wird festgelegt, wie die Eisenverluste und die Magnetisierbarkeit von Eisenblech, welches zum Bau von Maschinen und Transformatoren Verwendung findet, vorzunehmen ist. Die Bestimmung der „Verlustziffern" und des „Alterungskoeffizienten" ist darin angegeben. In besonderen Ausführungsbestimmungen ist des weiteren festgelegt, wie die Messungen auszuführen und welche Apparate zu benutzen sind.

24. Normalien für Bewertung und Prüfung von elektrischen Maschinen und Transformatoren.*)

Gültig ab 1. Juli 1914.

Diese Normalien bilden die Grundlage für den gesamten Bau elektrischer Maschinen und Transformatoren und die Prüfung derselben.

Über den Inhalt der Normalien gibt nachfolgende Übersicht Aufschluß:

---

*) Siehe Anmerkung S. 6.

Begriffserklärungen.
Allgemeine Bestimmungen § 1.
Angaben auf den Schildern §§ 2 bis 3.
Betriebsart §§ 4 bis 7.
Kommutierung § 8.
Temperaturzunahme §§ 9 bis 21.
Überlastung §§ 22 bis 25.
Isolation §§ 26 bis 32.
Wirkungsgrad §§ 33 bis 35.
Methoden zur Bestimmung des Wirkungsgrades §§ 36 bis 44.
 Leerlauf- und Kurzschlußmethode für Transformatoren.
 Die direkte elektrische Methode.
 Die indirekte elektrische Methode.
 Die direkte mechanische Methode.
 Die indirekte mechanische Methode.
 Leerlaufsmethode.
 Hilfsmotormethode.
 Trennungsmethode.
Spannungsänderung §§ 45 bis 49.
Anhang.

25. Normalien für die Bezeichnung von Klemmen bei Maschinen, Anlassern, Regulatoren und Transformatoren.
Gültig ab 1. Juli 1909.

Für die Maschinen und Transformatoren üblicher Bauart nebst dazugehörigen Apparaten werden einheitliche Klemmenbezeichnungen festgelegt, um den Anschluß derselben zu erleichtern. Im Anhang zu den Normalien sind eine Reihe von Beispielen für die Anwendung der einheitlichen Klemmenbezeichnung für die üblichsten Ausführungen gegeben und außerdem sind auch die Bezeichnungen für Netze und für kreuzende Leitungen niedergelegt.

Über den Inhalt der Normalien gibt nachfolgende Übersicht Aufschluß:
 A. Allgemeines.
 B. Maschinen und dazu gehörige Apparate.
  I. Gleichstrom.
  II. Wechselstrom (ausschließlich Kommutatormaschinen) (Einphasen- und Mehrphasenstrom).
 C. Transformatoren.
Beispiele für die Bezeichnung der Klemmen:
 Gleichstrom-Generatoren und -motoren.
 Wechselstrom-Generatoren und Synchron-Motoren.
 Asynchrone Wechselstrommotoren.

Spannungs-Transformatoren.
Netzbezeichnungen.
Kreuzenden Leitungen.

26. Normale Bedingungen für den Anschluß von Motoren an öffentliche Elektrizitätswerke.

Gültig ab 1. Juli 1912.

In dieser Arbeit, welche gemeinschaftlich mit der Vereinigung der Elektrizitätswerke in Deutschland ausgeführt ist, werden die normalen Bedingungen festgelegt, welche die Elektrizitätswerke an die anzuschließenden Motoren stellen, damit ungünstige bzw. unzulässige Beeinflussungen des Verteilungsnetzes vermieden werden.

Über den Inhalt der Bedingungen gibt nachfolgende Übersicht Aufschluß:

§ 1. Allgemeines.
§ 2. Anmeldung.
§ 3. Anlaufstrom von Gleichstrommotoren.
§ 4. Anlaufstrom von Mehrphasenmotoren.
§ 5. Anlaufstrom von Einphasenmotoren.
§ 6. Leistungsfaktor von Mehrphasenmotoren.
§ 7. Leistungsfaktor von Einphasenmotoren.
§ 8. Ausführung der Messungen.
§ 9. Spezialmotoren.

27. Photometrische Einheiten.

Gültig ab 1. Juli 1910.

Für die bei der Photometrie vorkommenden Größen und Einheiten, wie Lichtstärke, Lichtstrom, Beleuchtung, Flächenhelle und Lichtabgabe werden der Zusammenhang ihrer Einheitsbezeichnung und die abgekürzten Einheitszeichen für dieselben festgelegt.

28. Vorschriften für die Messung der mittleren horizontalen Lichtstärke von Glühlampen.

Gültig ab 1. Juli 1911.

In den Vorschriften wird festgelegt, was unter der mittleren horizontalen Lichtstärke von Glühlampen zu verstehen ist und wie sie gemessen wird. Es werden zwei Methoden hierfür angegeben, und die dabei zu verwendenden Schaltungen.

29. Normalien für Bogenlampen.

Gültig ab 1. Juli 1908.

Die Normalien geben an, wie die mittlere untere hemisphärische Lichtstärke von Bogenlampen praktisch gemessen wird. Des weiteren wird festgelegt, wie der praktische Effektverbrauch, der praktische spezifische Effektverbrauch sowie die praktische Lichtausbeute festzustellen ist.

30. Vorschriften für die Photometrierung von Bogenlampen.
Gültig ab 1. Juli 1911.

Die Vorschriften geben an, wie bei der Photometrierung einer Bogenlampe zu verfahren ist, um auf diese Weise vergleichbare Resultate für die Angaben, welche von verschiedenen Seiten gemacht werden, zu erzielen.

31. Vorschriften für Messung der Lichtstärke von röhrenförmig ausgebildeten Lichtquellen.
Gültig ab 1. Juli 1913.

Es wird festgelegt, was als praktisches Maß der Lichtstärke röhrenförmiger Lichtquellen von mehr als 0,5 m Länge gilt und wie dasselbe zu ermitteln ist.

32. Normalien für die Beurteilung der Beleuchtung.
Gültig ab 1. Juli 1911.

Es wird festgelegt, welche Angaben als praktisches Maß für die Beleuchtung im Freien oder in Innenräumen gelten und für die Beurteilung der Beleuchtung zu machen sind. Auch werden für die Ungleichmäßigkeit und für den spezifischen Verbrauch einer Beleuchtung Grundlagen geschaffen.

33. Einheitliche Bezeichnung von Bogenlampen.
Gültig ab 1. Juli 1909.

Zur Beseitigung der früher vielfach auseinandergehenden Bezeichnungen der verschiedenen Bogenlampenarten ist für alle möglichen Fälle die Bezeichnung so festgelegt, daß aus derselben eindeutig zu ersehen ist, um welche Art einer Bogenlampe es sich jeweilig handelt.

34. Leitsätze für die Errichtung elektrischer Fernmeldeanlagen (Schwachstromanlagen).*)
Gültig ab 1. Juli 1914.

In Gemeinschaft mit dem Verband der elektrotechnischen Installationsfirmen in Deutschland sind Leitsätze aufgestellt worden, welche die Grundlage für die Ausführung der sogenannten Schwachstromanlagen geben.

Über den Inhalt der Leitsätze gibt nachfolgende Übersicht Aufschluß:

---
*) Siehe Anmerkung S. 6.

A. Geltungsbereich § 1.
B. Erklärungen § 2.
C. Allgemeines über Apparate § 3.
D. Besondere Bestimmungen über Apparate für feuchte Räume und das Freie § 4.
E. Besondere Bestimmungen über Apparate für nasse und gaserfüllte Räume § 5.
F. Stromquellen §§ 6 bis 7.
 Elemente und Akkumulatoren.
 Maschinen, Umformer, Transformatoren.
G. Leitungen §§ 8 bis 9.
 Beschaffenheit isolierter Leitungen.
 Allgemeines über Leitungsverlegung.

35. Leitsätze für den Anschluß von Schwachstromanlagen an Niederspannungs-Starkstromnetze durch Transformatoren oder Kondensatoren (mit Ausschluß der öffentlichen Telegraphen- und Fernsprechanlagen).
Gültig ab 1. Juli 1912.

In den Leitsätzen wird festgelegt, wie Schwachstromanlagen, welche von Starkstromnetzen gespeist werden, beschaffen sein sollen, damit sowohl Störungen der Starkstromanlagen wie Gefährdungen von Menschenleben in Schwachstromanlagen vermieden werden. Außerdem werden über den Bau der als Zwischenapparate dienenden Kleintransformatoren noch einige Sondervorschriften gegeben.

36. Prüfvorschriften für die gekürzte Untersuchung elektrischer Isolierstoffe.
Gültig ab 1. Juli 1914.

In den Vorschriften ist festgelegt, welche Prüfungen bei Isolierstoffen von Bedeutung sind und wie sie durchgeführt werden sollen. Hierdurch wird ein Vergleich verschiedener Fabrikate auf zuverlässiger Grundlage ermöglicht.

Über den Inhalt der Prüfvorschriften gibt nachfolgende Übersicht Aufschluß:
 I. Allgemeines.
  A. Mechanische und Wärmeprüfung.
  B. Elektrische Prüfung.
   Probenform.
 II. Versuchsausführung.
  A. Mechanische und Wärmeprüfung.
   1. Biegefestigkeit.
   2. Schlagbiegefestigkeit.

3. Kugeldruckhärte.
4. Wärmebeständigkeit.
5. Frostbeständigkeit.
6. Verhalten in der Flamme.
B. *Elektrische Prüfung.*
1. Oberflächenwiderstand.
2. Lichtbogensicherheit.

37. Leitsätze über den Schutz der Gebäude gegen den Blitz.*)
Nebst Erläuterungen, Ausführungsregeln und Anhängen.
Gültig ab 1. Juli 1901 bzw. 1. Juli 1913 bzw. 1. Juli 1914.

Diese Leitsätze sind vom Elektrotechnischen Verein (Berlin) aufgestellt und vom Verbande übernommen worden. Sie geben an, aus welchen Teilen ein Blitzableiter zu bestehen hat und wie die Ausführung zweckmäßigerweise geschieht. In sehr ausführlichen Erläuterungen und Ausführungsvorschlägen wird gezeigt, wie die Blitzableiter in den einzelnen Fällen ausgestaltet werden sollen, und für besondere Bauwerke, wie Fabrikschornsteine, Kirchen und Windmühlen werden noch Angaben im einzelnen gemacht.

Über den Inhalt der Leitsätze gibt nachfolgende Übersicht Aufschluß:

Leitsätze.
Erläuterungen und Ausführungsvorschläge.
  A. Allgemeines über Blitzgefahr und Blitzschutz.
  B. Ausführungsvorschläge.
    1. Auffangvorrichtungen.
    2. Gebäudeleitungen.
    3. Erdleitungen.
    4. Verbindungen.
    5. Berücksichtigung benachbarter Bäume und Metallgegenstände.
    6. Herstellung des Entwurfes zur Blitzableiteranlage.
  C. Die Prüfungen.
Anhang 1 bis 3.
  Blitzableiter an Fabrikschornsteinen.
  Blitzschutz von Kirchen.
  Blitzschutz von Windmühlen.

38. Definition der elektrischen Eigenschaften gestreckter Leiter.
Gültig ab 1. Juli 1910.

Die vom Elektrotechnischen Verein herrührende Arbeit gibt Definitionen für die Eigenschaften der verschiedenen Arten elek-

---
*) Siehe auch ETZ 1917 S. 390 und 1918 S. 289.

trischer Leiter. Diese Arbeit wurde im wesentlichen aufgestellt, um Zweifel zu beheben, welche in der Kabelindustrie im Verkehr mit den Abnehmern über die Bedeutung verschiedener Bezeichnungen auftreten können. Gleichzeitig wurden bei der Behandlung dieser Angelegenheit noch verschiedene andere unklare Fragen erledigt. Insbesondere der Abschnitt über die Betriebswerte, welcher in § 5 enthalten ist, wird vielfach von praktischer Bedeutung sein.

Über den Inhalt der Definition gibt nachfolgende Übersicht Aufschluß:

Begriff des Mehrfachleitersystems. Einzelleiter und Schleife.
Definition der Fundamentalkonstanten.
Messung der Fundamentalkonstanten.
Definiton der sämtlichen Konstanten eines Mehrfachleitersystems.
Betriebswerte.
Formeln für die Berechnung von Kapazitäten und Induktivitäten aus den geometrischen Dimensionen.
  I. Kapazitäten in absoluten elektrostatischen Einheiten (cm) pro 1 cm Kabellänge für ein Medium von der Dielektrizitätskonstante 1 (Luft).
   1. Symmetrisches Doppelkabel aus runden Drähten.
   2. Symmetrische Doppelfreileitung aus runden Drähten.
   3. Symmetrische Doppelleitung aus runden Drähten ohne Hülle und ohne merklichen Einfluß der Erde.
   4. Konzentrisches Doppelkabel.
   5. Symmetrisches Drehstromkabel aus runden Drähten.
   6. Symmetrisches vieradriges Zweiphasenkabel aus runden Drähten.
  II. Induktivitäten von Schleifen in absoluten elektromagnetischen Einheiten pro 1 cm Kabellänge für die Permeabilität 1 (eisenfrei).
   1. Schleife aus zwei gleichen runden Drähten.
   2. Konzentrisches Kabel.

89. Leitsätze für die Herstellung und Einrichtung von Gebäuden bezüglich Versorgung mit Elektrizität.

Gültig ab 1. Juli 1910.

Diese Leitsätze sind hauptsächlich zur Verbreitung in den Kreisen der Architekten, Hausbesitzer und Bauunternehmer bestimmt. Sie sollen zeigen, daß es notwendig ist, schon möglichst beim Neubau bzw. beim Umbau eines Hauses auf die später auszuführende Installation Rücksicht zu nehmen und den Hausanschluß sowie die Hauptleitungen schon beim Bau des Hauses vorzusehen.

40. Normalien für die Verwendung von Elektrizität auf Schiffen.
Gültig ab 1. Juli 1904.

In diesen Normalien wird festgelegt, welche Stromart und welche Spannung für den Gebrauch an Bord von Schiffen besonders zu empfehlen ist.

41. Leitsätze, betreffend die einheitliche Errichtung von Fortbildungskursen für Starkstrommonteure und Wärter elektrischer Anlagen.
Gültig ab 1. Juli 1910.

Diese Leitsätze wurden aufgestellt, um eine Richtschnur für die Durchführung von Fortbildungskursen, welche fast in allen Teilen Deutschlands auf Veranlassung des Verbandes Deutscher Elektrotechniker eingerichtet worden sind, zu geben. In dreizehn Leitsätzen wird das Ziel und der Umfang der Fortbildungskurse klargelegt und es wird gezeigt, welche Vorkenntnisse gefordert werden sollen und wie das Programm der Kurse auszugestalten ist. In einem Anhang ist eine Übersicht des für solche Kurse in Betracht kommenden Stoffes gegeben.

42. Normalien für dreiteilige Taschenlampenbatterien.

Diese Normalien sind vom Verband Deutscher Elektrotechniker in Gemeinschaft mit dem Verband der Fabrikanten von Taschenlampenbatterien in Deutschland aufgestellt; sie regeln die Ausführung der normalen dreiteiligen Taschenlampenbatterien. Es werden in ihnen die äußeren Abmessungen, der ganze Aufbau und die elektrischen Eigenschaften festgelegt und Anhaltspunkte gegeben, wie die fertigen Batterien zu prüfen sind. Es soll dadurch eine solide Ausführung und eine in elektrischer Beziehung einwandfreie Beschaffenheit der Batterien erreicht werden, damit die Verbraucher die Sicherheit haben, zuverlässige Batterien zu erhalten.

Anhang.
Leitsätze für die Bedingungen, denen Elektrizitätszähler und Meßwandler bei der Beglaubigung genügen müssen.[*]

Diese Leitsätze sind vom Verband Deutscher Elektrotechniker in Gemeinschaft mit der Physikalisch-technischen Reichsanstalt aufgestellt worden. Sie sind als Ausführungsbestimmungen zu dem Gesetz über elektrische Maßeinheiten aufzufassen.

Über den Inhalt der Leitsätze gibt nachstehende Übersicht Aufschluß:

---

[*] Siehe Anmerkung S. 6.

§ 1. Beglaubigungsfehlergrenzen für Gleichstromzähler.
§ 2. Beglaubigungsfehlergrenzen für Wechselstromzähler.
§ 3. Bestimmungen über die Beglaubigung von Zählern in Verbindung mit Meßwandlern.
§ 4. Beglaubigungsfehlergrenzen für Meßwandlerzähler.
§ 5. Bestimmungen für die Beglaubigung von Meßwandlern.
  A. *Allgemeines.*
  B. *Besondere Bestimmungen.*
    I. Stromwandler.
    II. Einphasige Spannungswandler.
    III. Mehrphasige Spannungswandler.

IV. Stichwort-Verzeichnis der in den Verbandsbestimmungen behandelten Fabrikate und Materialien, soweit sie sich auf deren ordnungsmäßige Herstellung (nicht Verwendung*) beziehen.**)

Abdeckungen Nr. 1 §§ 3, 10 bis 12, 28 — Nr. 18 B — Nr. 19 § 6 — Nr. 20 §§ 3, 9 — Nr. 21 §§ 3, 34 — Nr. 24 § 10 — Nr. 36 — (siehe auch Schutzverkleidungen)
Abspannisolatoren siehe Isolatoren
Abspannmaste Nr. 10 II
Abteufkabel Nr. 1 § 19 — (siehe auch Kabel)
Abteufleitungen siehe Leitungstrossen
Akkumulatoren Nr. 1 §§ 8, 43 — Nr. 4 §§ 23, 35 — Nr. 34 § 6
Aluminiumleitungen Nr. 10 — Nr. 14 II
A-Maste Nr. 10 II
Anlasser Nr. 1 §§ 3, 5, 10, 12, 23, 28, 33 bis 35, 39, 41, 43 — Nr. 2 II — Nr. 3 B — Nr. 4 §§ 5, 13, 15, 17, 38 — Nr. 21 §§ 3, 26 bis 38 — Nr. 25 — (siehe auch Widerstände)
Anschlußbolzen Nr. 17
Anschlußdosen siehe Dosen
Apparate für Schwachstrom Nr. 34 — Nr. 35

Apparate für Starkstrom Nr. 1 — Nr. 2 — Nr. 3 — Nr. 4 — Nr. 16 — Nr. 17 — Nr. 18 — Nr. 19 — Nr. 20 — Nr. 21 — Nr. 22 — Nr. 25 — Nr. 35 — Nr. 36 — Anhang — (Siehe auch Anlasser, Anschlußbolzen, Dosenschalter, Fassungen, Freileitungsapparate, Handapparate, Handlampen, Hebelschalter, Heizapparate, Kabelendverschlüsse, Kochapparate, Lampenfüße, Nippel, Oelschalter, Regulierwiderstände, Rohre, Schmelzeinsätze, Sicherungen, Steckvorrichtungen, Stromtransformatoren, Trennschalter, Überspannungsschutzapparate, Verteilungstafeln)
Armaturen von Bogenlampen Nr. 1 § 17
Armaturen von Kabeln Nr. 1 § 27 — Nr. 2 II — Nr. 22
Armaturen von Rohren Nr. 1 § 26 — Nr. 4 § 10 — Nr. 20 § 49
Asphaltdraht Nr. 15, 1 — Nr. 34 § 8
Asynchronmotoren siehe Maschinen

---
*) Stichwortverzeichnisse über die ordnungsmäßige Verwendung der Fabrikate und Materialien befinden sich in den Sonderausgaben der Errichtungs- und Betriebsvorschriften und der Bahnvorschriften.
**) Die angegebenen Nummern beziehen sich auf die entsprechenden in den Abschnitten II und III aufgeführten Verbandsbestimmungen.

Auffangvorrichtungen von Blitzableitern Nr. 37
Ausführungen siehe Durchführungen
Auslöseapparate Nr. 21 §§ 19 bis 21 — Nr. 22 §§ 19 bis 25
Ausschalter siehe Schalter
Bahnkreuzungen Nr. 11
Bahnmotoren siehe Maschinen
Batterien siehe Akkumulatoren
Batterieschränke Nr. 34 § 6
Befestigungsklemmen Nr. 4 § 8
Befestigungskörper für Leitungen Nr. 1 § 25
Beleuchtungskörper Nr. 1 §§ 18, 20, 21, 39 — Nr. 4 §§ 21, 42
Betriebswerkzeuge siehe Handapparate
Bleikabel Nr. 1 §§ 19, 27, 40 — Nr. 4 § 14 — Nr. 13 — Nr. 14 B — Nr. 15, 6 — Nr. 34 § 8 — Nr. 38
Blitzableiter Nr. 4 § 41 — Nr. 37
Blitzlampen für Theaterbühnen Nr. 1 § 39
Blitzschutz Nr. 37
Bogenlampen Nr. 1 § 17 — Nr. 4 § 20 — Nr. 29 — Nr. 30 — Nr. 33
Bügeleisen Nr. 19 § 27
Bühnenregulatoren Nr. 1 § 39 — (siehe auch Regulierwiderstände)
Bunde für Freileitungen Nr. 10 III
Dauerbrandlampen Nr. 1 § 17 — Nr. 29
Doppelmaste Nr. 10 II
Dosen für Rohre Nr. 1 § 26 — Nr. 4 § 10 — Nr. 20 M
Dosen für Steckvorrichtungen siehe Steckvorrichtungen
Dosenschalter Nr. 1 §§ 3, 5, 10, 11, 23, 28, 35, 36, 41, 43, 45 — Nr. 4 §§ 5, 13, 15, 17 — Nr. 17 — Nr. 20 §§ 3 bis 14 — (siehe auch Schalter)
Draht mit Emailleisolierung Nr. 15, 3 — Nr. 34 § 8
Draht mit Faserstoffisolierung Nr. 15, 3 — Nr. 34 § 8
Draht mit Lackisolierung Nr. 15, 3 — Nr. 34 § 8
Draht mit Papierisolierung Nr. 15, 2 — Nr. 34 § 8
Drahtgewebekapselung als Schlagwetterschutzvorrichtung Nr. 3 A
Drehschalter siehe Dosenschalter
Drehtransformatoren siehe Transformatoren
Drücker für Dosenschalter Nr. 20 § 9
Durchführungen Nr. 1 § 24 — Nr. 2 II — Nr. 4 §§ 25, 26 — Nr. 22

Dynamos siehe Maschinen
Eckmaste Nr. 10 II
Edisongewinde Nr. 20 § 46
Edisonsicherungen siehe Sicherungen
Einführungen siehe Durchführungen
Einleiterkabel Nr. 1 § 19 — Nr. 14 B II
Eisenmasten Nr. 1 § 22 — Nr. 2, II — Nr. 4 § 27 — Nr. 10, II — Nr. 11 — Nr. 12
Elektrizitätszähler Nr. 1 § 15 — Anhang — (siehe auch Meßgeräte)
Elektrochemische Apparate Nr. 1 § 1
Elektromagnete bei Schaltern Nr. 21 § 19 bis 21 — Nr. 22 §§ 19 bis 25
Elektromotoren siehe Maschinen
Elemente (galvanische) Nr. 34 § 6 — Nr. 42
Endverschlüsse Nr 1 § 27 — Nr. 4 § 14 — Nr. 22
Entlastungsvorrichtung für Bügeleisen Nr. 19 § 27
Epstein-Apparat zur Prüfung von Eisenblech Nr. 23 b
Erdung Nr. 1 § 4 — Nr. 2 — Nr. 4 §§ 3, 33 — Nr. 18 B, D — Nr. 19 §§ 8, 12 — Nr. 20 § 3 — Nr. 21 § 3 — Nr. 37
Faserstoffbleikabel siehe Kabel
Fahrdrahtisolatoren Nr. 4 § 9
Fahrdrahtkreuzungen Nr. 4 § 28
Fahrleitungen Nr. 1 §§ 24, 28, 42 — Nr. 4 §§ 27, 32, 36 — (siehe auch Kontaktleitungen)
Fahrschalter Nr. 1 §§ 10, 11, 12, 33, 43 — Nr. 4 §§ 38, 40 — Nr. 21 D — (siehe auch Anlasser)
Fahrzeuge Nr. 1 §§ 1, 43 — Nr. 4 E
Fangbügel Nr. 4 § 27 — Nr. 10 IV
Fassungen Nr. 1 §§ 3, 5, 10, 16, 18, 23, 28, 31, 33, 35, 39, 41, 43 — Nr. 4 §§ 5, 15, 21, 42 — Nr. 20 §§ 3, 34 bis 45
Fassungsadern Nr. 1 §§ 18, 19 — Nr. 14 A II
Fassungsnippel Nr. 20 § 47
Fassungsringe Nr. 1 §§ 3, 16 — Nr. 4 § 42 — Nr. 20 § 38
Fernmeldeanlagen Nr. 34
Fernmeldeleitungen Nr. 15 — Nr. 34 §§ 8, 9
Fernsprechstellen Nr. 1 § 22 — Nr. 4 § 27 — Nr. 34
Flüssigkeitsanlasser Nr. 3 B — (siehe auch Anlasser)

Freileitungen Nr. 1 §§ 2, 5, 20, 22 —
Nr. 4 § 27 — Nr. 10 — Nr. 11 —
Nr. 12 — Nr. 13
Freileitungsapparate Nr. 22 §§ 1 bis 3,
7, 29 bis 32 — (siehe auch Apparate)
Gehänge zu Bogenlampen Nr. 1 § 17 —
Nr. 4 § 20
Gehäuse von Apparaten Nr. 1 §§ 3, 10,
11, 15 — Nr. 20 § 9 — Nr. 21 § 3
Gehäuse von Bogenlampen Nr. 1 § 17
Generatoren siehe Maschinen
Gerüstleitern Nr. 4 § 29
Geschlossene Sicherungen siehe Sicherungen
Gestänge für Freileitungen Nr. 10 II
Gleichstromzähler: Anhang — (siehe auch Zähler)
Glühlampen Nr. 1 § 16 — Nr. 4 § 42 —
Nr. 20 H — Nr. 28
Goliath-Edisongewinde Nr. 20 § 46
Griffdorne von Hebelschaltern Nr. 1
§ 11 — Nr. 21 § 8
Griffe Nr. 1 §§ 3, 10, 11, 15, 18 — Nr. 4
§ 15 — Nr. 18 B — Nr. 20 §§ 3, 9 —
Nr. 21 §§ 3, 8 — Nr. 34 § 3
Großes Edisongewinde Nr. 20 § 46
Gummiaderleitungen Nr. 1 § 19 —
Nr. 4 § 12 — Nr. 13 — Nr. 14 A II —
Nr. 15, 4 — Nr. 34 § 8
Gummiaderschnüre Nr. 1 § 19 — Nr. 13 —
Nr. 14 A II
Gummibleikabel Nr. 1 § 19, — Nr. 14 B
II — (siehe auch Kabel)
Gummiisolierte Leitungen siehe Leitungen
Gummikabel Nr. 1 §§ 19, 27 — Nr. 14 B
— (siehe auch Kabel)
Hahnfassungen siehe Schaltfassungen
Hakenumschalter Nr. 34 § 3
Handapparate Nr. 1 §§ 3, 10, 15 —
Nr. 18
Handbohrmaschinen siehe Handapparate
Handmagnete siehe Handapparate
Handlampen Nr. 1 §§ 3, 5, 10, 18, 28,
33, 35, 41 — Nr. 4 §§ 5, 15, 21 —
— Nr. 20 § 48
Handräder Nr. 1 §§ 3, 10 — Nr. 2 II —
Nr. 21 § 3
Haushaltmotoren siehe Handapparate
Hebelschalter Nr. 1 §§ 3, 5, 10, 11, 23,
28, 34, 35, 36, 41, 43 — Nr. 4 §§ 5,
15, 17, 19 — Nr. 21 §§ 3 bis 13 — (siehe auch Schalter und Schaltapparate)

Heißluftapparate siehe Handapparate
Heizapparate Nr. 1 §§ 3, 10, 15 —
Nr. 19
Heizkissen Nr. 19
Heizwiderstand Nr. 1 § 12 — Nr. 19 § 14
Hochspannungsschnüre Nr. 1 § 19 —
Nr. 14 A II
Höchststromauslösung Nr. 21 §§ 19 bis
21 — Nr. 22 §§ 19—25
Holzleisten zur Verlegung und Verkleidung von Leitungen Nr. 1 § 25 —
Nr. 4 §§ 6, 36
Holzmasten Nr. 1 § 22 — Nr. 2 II —
Nr. 4 § 27 — Nr. 10 II
Induktoren Nr. 34 § 7
Installationsmaterial Nr. 1 — Nr. 2 II
— Nr. 3 B — Nr. 4 — Nr. 20 —
(siehe auch Dosenschalter, Steckvorrichtungen, Sicherungen, Fassungen, Lampenfüße, Nippel, Handlampen, Rohre, Verteilungstafeln)
Isolatoren Nr. 1 § 25 — Nr. 4 §§ 7, 9 —
Nr. 10 III — Nr. 22 — Nr. 36
Isolatorstützen Nr. 10 III — Nr. 22
Isolierfassungen Nr. 1 § 16 — Nr 20
— (siehe auch Fassungen)
Isolierkörper siehe Isolatoren
Isolierrohre siehe Rohre
Isolierstoffe Nr. 1 § 5 — Nr. 4 § 5 —
Nr. 14 A I — Nr. 19 § 21 — Nr. 36
Isolierte Leitungen Nr. 1 § 19 — Nr. 4
§§ 11, 12 — Nr. 13 — Nr. 14 — Nr. 15
— Nr. 34 § 8 — Nr. 38
Kabel Nr. 1 §§ 19, 27 — Nr. 4 § 14 —
Nr. 13 — Nr. 14 B — Nr. 15, 5, 6 —
Nr. 34 § 8 — Nr. 38
Kabelendverschlüsse Nr. 1 § 27 —
Nr. 2 II — Nr. 4 § 14 — Nr. 22
Kabelschuhe Nr. 17
Kleinakkumulatoren Nr. 34 § 6
Kleintransformatoren Nr. 24 — Nr. 25
— Nr. 34 — Nr. 35
Klingelschnüre siehe Schnüre
Klingeltransformatoren siehe Kleintransformatoren
Kochapparte Nr. 1 §§ 3, 10, 15 — Nr. 19
Kondensatoren Nr. 22 — Nr. 35
Kontaktbahn Nr. 1 §§ 3, 10, 12 — Nr. 21
§§ 3, 26 bis 38
Kontakte Nr. 1 §§ 3, 10, 12, 13 — Nr. 17
— Nr. 19 § 15 — Nr. 20 § 3 — Nr. 21
§§ 3, 34 — Nr. 34 § 3
Kontaktleitungen Nr. 1 § 28 — (siehe auch Fahrleitungen)

Konzentrische Kabel siehe Kabel
Kranleitungen siehe Leitungstrossen
Kreuzstücke Nr. 1 § 26 — Nr. 20 § 49
Kupplungen für Bogenlampen Nr. 4 § 20
Kurbeln von Fahrschaltern Nr. 4 § 38
Lager von Maschinen Nr. 24 §§ 18, 19
Lampenfüße Nr. 1 §§ 3, 16 — Nr. 4 § 42 — Nr. 20 §§ 3, 34 bis 45
Lampenfüße für Pauschalfassung Nr. 20 § 39
Laternen von Bogenlampen Nr. 1 § 17 — Nr. 4 § 20
Leistungsschilder Nr. 24 § 2
Leitungen Nr. 1 § 19 — Nr. 4 §§ 11, 12, 27, 36 — Nr. 10 I — Nr. 13 — Nr. 14 — Nr. 15 — Nr. 34 § 8 — Nr. 38 — (siehe auch isolierte Leitungen)
Leitungstrossen Nr. 1 § 19 — Nr. 14 A II
Leitungsverbindungen Nr. 10 I
Luftweichen Nr. 4 § 28
Magnete an Schaltern Nr. 21 §§ 19 bis 21 — Nr. 22 §§ 19 bis 25
Magnete bei Anlassern Nr. 21 § 37
Magnetspulen siehe Maschinen
Maschinen (elektrische) Nr. 1 §§ 3, 4, 6, 31, 35, 41 — Nr. 2 II — Nr. 3 B — Nr. 4 § 34 — Nr. 18 — Nr. 23 — Nr. 24 — Nr. 25 — Nr. 26 — Nr. 34 § 7 — Nr. 40
Massageapparate siehe Handapparate
Maste Nr. 10, II
Mastschalter Nr. 22 § 29
Maximalschalter siehe Schalter
Mehrleiterkabel Nr. 1 § 19 — Nr. 4 § 14 — Nr. 13 — Nr. 14 B — Nr. 15, 5, 6 — Nr. 34 § 8 — Nr. 38 — (siehe auch Kabel)
Messerschalter siehe Hebelschalter
Meßgeräte Nr. 1 §§ 3, 10, 15 — Nr. 2 II — Nr. 4 § 15 — Nr. 22 — Nr. 26 § 8 — Anhang — (siehe auch Zähler)
Meßwandler Nr. 1 §§ 3, 10, 15 — Nr. 2 II — Nr. 22 — Anhang
Motallrohre Nr. 1 § 26 — Nr. 4 § 10 — Nr. 20 § 49
Mignongewinde Nr. 20 § 46
Mikrophone Nr. 34 § 3
Minimalschalter siehe Schalter
Momentschalter Nr. 1 § 11 — (siehe auch Schalter)
Motoren siehe Maschinen
Motorgeneratoren siehe Maschinen

Muffen für Rohre und Kabel Nr. 1 §§ 26, 27 — Nr. 4 § 14
Nippel Nr. 20 § 47
Normaledisongewinde Nr. 20 § 46
Notausschalter Nr. 4 § 40
Nullspannungsauslösung Nr. 21 §§ 19 bis 21 — Nr. 22 §§ 19 bis 25
Oelanlasser Nr. 21 § 35 — (siehe auch Anlasser)
Oelfernschalter siehe Oelschalter
Oelschalter Nr. 1 §§ 3, 5, 10, 11, 22, 23, 28, 35, 41 — Nr. 2 II — Nr. 4 §§ 5, 13, 15, 17 — Nr. 21 §§ 3 bis 6, 14 bis 25 — Nr. 22
Offene Schmelzsicherungen siehe Sicherungen
Panzeradern Nr. 1 § 19 — Nr. 4 § 12 — Nr. 13 — Nr. 14 A II
Papierbleikabel Nr. 1 § 19 — Nr. 4 § 14 — Nr. 14 B II — Nr. 15, 6 — (siehe auch Kabel)
Papierrohre siehe Rohre
Pauschalfassungen siehe Fassungen
Pendelschnüre Nr 1 § 19 — Nr. 14 A II
Pflugleitungen siehe Leitungstrossen
Plattenschutzkapselung als Schlagwetterschutzvorrichtung Nr. 3 A
Polarisierte Apparate für Fernmeldeanlagen Nr. 34 § 3
Polwechsler für Fernmeldeanlagen Nr. 34 § 7
Postkreuzungen Nr. 12
Projektionsapparate für Theaterbühnen Nr. 1 § 39
Reduziernippel Nr. 20 § 47
Regulierschalter Nr. 1 § 39 — Nr. 19 § 15 — (siehe auch Schalter)
Regulierwiderstände Nr. 1 §§ 3, 5, 10, 12, 23, 28, 33, 34, 35, 39, 41, 43 — Nr. 2 II — Nr. 3 B — Nr. 4 §§ 5, 13, 15, 17, 38 — Nr. 21 §§ 3, 26 bis 38 — Nr. 25
Röhrenförmige Lichtquellen Nr. 31
Rohrdrähte Nr. 1 § 19 — Nr. 13 — Nr. 14 A II
Rohre Nr. 1 §§ 26, 31 — Nr. 4 §§ 10, 24, 36 — Nr. 20 § 49 — (siehe auch Isolierrohre, Metallrohre, Stahlpanzerrohre)
Rohrerden Nr. 2 I
Rufinduktoren für Fernmeldeanlagen Nr. 34 § 7
Schaltapparate für Schwachstrom Nr. 34

Schaltapparate für Starkstrom Nr. 1—
Nr. 2 — Nr. 3 B — Nr. 4 — Nr. 19 F
— Nr. 21 — Nr. 22 — Nr. 25 — (siehe
auch Dosenschalter, Hebelschalter,
Oelschalter, Sicherungen, Anlasser,
Regulierwiderstände)
Schaltfassungen Nr. 1 §§ 16, 18 —
Nr. 4 § 21 — Nr. 20 §§ 3, 34 bis 45,
48 — (siehe auch Fassungen)
Schalttafeln Nr. 1 §§ 9, 37 — Nr. 2 II —
Nr. 4 §§ 19, 37 — (siehe auch Verteilungstafeln)
Schalter Nr. 1 §§ 3, 5, 10, 11, 22, 23,
28, 34 bis 36, 41, 43, 45 — Nr. 2 II —
Nr. 3 B — Nr. 4 §§ 5, 13, 15, 17, 19,
40 — Nr. 19 § 22, — Nr. 20 §§ 3 bis 14,
40, 48 — Nr. 21 §§ 3 bis 21 — Nr. 22
— (siehe auch Dosenschalter, Hebelschalter, Oelschalter, Umschalter)
Schaltergriffe siehe Griffe
Schaltvorrichtungen Nr. 19 §§ 15 bis 23
Scheinwerfer für Theaterbühnen Nr. 1
§ 39
Schellen für Kabel Nr. 1 § 40
Schießkabel Nr. 1 § 45
Schießleitungen siehe Leitungstrossen
Schilder an Maschinen Nr. 24 § 2
Schlitzkanäle für unterirdische Fahrleitungen Nr. 4 § 32
Schmelzeinsätze Nr. 1 §§ 14, 28 — Nr. 4
§ 16 — Nr. 20 §§ 3, 25 bis 33 — Nr. 21
§§ 3, 23 — Nr. 22
Schmelzsicherungen siehe Sicherungen
Schnüre Nr. 13 — Nr. 15 7 — Nr. 34
§ 8 — (siehe auch Gummiaderschnüre,
Pendelschnüre, Werkstattschnüre,
Spezialschnüre, Hochspannungsschnüre, Leitungstrossen)
Schnurpendel Nr. 1 § 18
Schutzgitter Nr. 1 § 3
Schutzkorb Nr. 1 § 18 — Nr. 4 § 21 —
Nr. 20 § 48
Schutzverkleidungen Nr. 1 §§ 3, 10,
12, 28, 43 — (siehe auch Abdeckungen)
Schwachstromanlagen Nr. 15 — Nr. 34
— Nr. 35
Schwachstromapparate Nr. 34
Schwachstromleitungen Nr. 15
Seile für Freileitungen Nr. 10 I
Selbstschalter Nr. 1 §§ 10, 11, 14 —
Nr. 17 — Nr. 21 — Nr. 22 — (siehe
auch Oelschalter und Schalter)
Sicherheitsbügel für Freileitungen Nr. 1
§ 22 — Nr. 10 IV

Sicherungen Nr. 1 §§ 3 bis 5, 9, 10, 14,
20, 23, 28, 34 bis 36, 39, 41, 43 —
Nr. 1 § 5 der Betriebsvorschriften —
Nr. 4 §§ 4, 5, 13, 15, 16, 19, 39 —
Nr. 20 §§ 3, 24 bis 33 — Nr. 21 §§ 3,
22 bis 25 — Nr. 22 — (siehe auch
Schmelzeinsätze)
Sicherungsstöpsel Nr 1 §§ 14, 28 —
Nr. 20 §§ 3, 24 bis 33
Spannfutter siehe Handapparate
Spannungsmeßtransformatoren Nr. 24
§ 1 — Anhang
Spannungswandler Nr. 24 §§ 2 — Anhang
Spezialgummiaderleitungen Nr. 1 § 19
— Nr. 13 — Nr. 14 A II
Spezialschnüre Nr. 1 § 19 — Nr. 13 —
Nr. 14 A II
Stahlpanzerrohre Nr. 20 § 49
Starkstromapparate siehe Apparate
Staubsauger siehe Handapparate
Steckvorrichtungen Nr. 1 §§ 3, 5, 10,
13, 23, 28, 35, 36, 39, 41, 44 — Nr. 3 B
— Nr. 4 §§ 5, 13, 15, 18, 36 — Nr. 19
§§ 15 bis 21 — Nr. 20 §§ 3, 15 bis 23 —
Nr. 34 § 3 — (siehe auch Stiftsteckvorrichtungen und Zwischenkupplungen)
Steuerschalter Nr. 1 §§ 10, 11, 12, 33,
43 — Nr. 21 D, G — (siehe auch
Fahrschalter und Anlasser)
Stiftsteckvorrichtungen Nr. 20 §§ 3,
15 bis 23 — Nr. 34 § 3 — (siehe auch
Steckvorrichtungen)
Stöpsel für Sicherungen Nr 1 §§ 14,
28 — Nr. 20 §§ 3, 24 bis 33
Streckenschalter Nr. 4 § 27
Stromabnehmer bei Grubenbahnen Nr. 1
§ 43
Stromquellen für Schwachstrom Nr. 34
§§ 6, 7
Stromtransformatoren Nr. 22 — Anhang
Stromwandler Nr 22 — Anhang
Stützen für Isolatoren Nr. 10 III
Stützisolatoren Nr. 22
Synchronmotoren siehe Maschinen
Telephone Nr. 34 § 3
Tischventilatoren siehe Handapparate
Tragmaste Nr. 10 II
Tragseile von Bogenlampen Nr. 1 § 17
Transformatoren Nr. 1 §§ 3, 4, 7, 29,
35, 41 — Nr. 2 II — Nr. 3 B — Nr. 4
§ 22 — Nr. 22 — Nr. 24 — Nr. 25 —
Nr. 34 § 7 — Nr. 35 — Anhang

Trennschalter Nr. 1 §§ 10, 11 — Nr. 21 §§ 3 bis 12 — Nr. 22
Trossen siehe Leitungstrossen
T-Stücke für Rohrinstallationen Nr. 1 § 26 — Nr. 20 § 49
Turmwagen Nr. 4 § 29
Ueberspannungsschutzapparate Nr. 22
Umformer siehe Maschinen
Umschalter siehe Schalter
Verseilte Kabel Nr. 1 § 19 — Nr. 13 — Nr. 14 B II
Verteilungstafeln Nr. 1 §§ 3, 5, 9, 10, 14, 23, 37, 38, 39 — Nr. 4 §§ 5, 19, 37 — Nr. 20 §§ 3, 50 — (siehe auch Schalttafeln)
Verzögerte Auslösung Nr. 21 §§ 19 bis 21 — Nr. 22 §§ 19 bis 25 — (siehe auch Oelschalter)
Vogelschutzeinrichtungen Nr. 10 II
Wanddurchführungen Nr. 1 § 24 — Nr. 2 II — Nr. 4 §§ 25, 26 — Nr. 22

Warmwasserapparate Nr. 19
Warnungstafeln Nr. 1 § 3 der Betriebsvorschriften — Nr. 6
Wechselstromzähler: Anhang — (siehe auch Meßgeräte, Zähler)
Werkstattschnüre Nr. 1 § 19 — Nr. 13 — Nr. 14 A II
Widerstände Nr. 1 §§ 3, 5, 10, 12, 23, 28, 34, 35, 39, 41, 43 — Nr. 2 II — Nr. 3 B — Nr. 19 — Nr. 21 §§ 3, 26 bis 38 — Nr. 25 — (siehe auch Heizwiderstände, Regulierwiderstände)
Winkelstücke für Rohrinstallationen Nr. 1 § 26 — Nr. 20 § 49
Zähler Nr. 1 § 15 — Anhang — (siehe auch Elektrizitätszähler, Meßgeräte)
Zimmerschnüre Nr. 1 § 19 — Nr. 13 — Nr. 14 A II
Zünder für Schießbetrieb Nr. 1 § 45
Zwischenkupplungen Nr. 1 §§ 10, 13 — (siehe auch Steckvorrichtungen)

V. Stichwort-Verzeichnis der in den Verbandsbestimmungen benutzten Erklärungen und Begriffsbestimmungen.*)

Abgabe Nr. 24
Abgeschlossene elektrische Betriebsräume Nr. 1 § 2
Ableitung Nr. 38
Alterungskoeffizient bei Prüfungen von Eisenblech Nr. 23, 4
Anker Nr. 24
Anlaßspannung Nr. 24
Auffangvorrichtungen zu Blitzableitern Nr. 37
Aufnahme Nr. 24
Ausführungsregeln Nr. 1 § 1 und § 1 der Betriebsvorschriften — Nr. 20 A — Nr. 21 A
Belastbarkeit Nr. 24
Beleuchtungsbeurteilung Nr. 27 — Nr. 32
Betriebsräume Nr. 1 § 2 — Nr. 4 § 2
Betriebsstätten Nr. 1 § 2 — (siehe auch feuergefährliche, explosionsgefährliche Betriebsstätten)
Betriebsspannung Nr. 38

Betriebsstrom Nr. 38
Bogenlampen-Bezeichnung Nr. 33
Bogenlampenleistung Nr. 29
Dauerbetrieb Nr. 24 § 4
Drehstrom Nr. 24
Drehtransformator Nr. 24
Drehzahl Nr. 24
Durchtränkte Räume Nr. 1 § 2
Dynamo Nr. 24
Effektverbrauch von Bogenlampen Nr. 29
Einheitliche Bezeichnung von Bogenlampen Nr. 33
Elektrische Betriebsräume Nr. 1 § 2 — Nr. 4 § 2
Elektrische Energie Nr. 38
Erdung Nr. 1 § 3 — Nr. 2 I B — Nr. 4 § 2
Explosionsgefährliche Betriebsstätten und Lagerräume Nr. 1 § 2
Fernmeldeanlagen Nr. 34 § 1
Feuchte Räume Nr. 1 § 2

*) Die angegebenen Nummern beziehen sich auf die entsprechenden in den Abschnitten II und III aufgeführten Verbandsbestimmungen.

Feuchtigkeitssichere Gegenstände Nr. 1 § 2 — Nr. 20 § 2 — Nr. 21 § 2
Feuchtigkeitssichere Isolierstoffe Nr. 34 § 2
Feuergefährliche Betriebsstätten und Lagerräume Nr. 1 § 2
Feuersichere Gegenstände Nr. 1 § 2 — Nr. 4 § 2 — Nr. 20 § 2 — Nr. 21 § 2
Flächenhelle Nr. 27
Freileitungen Nr. 1 § 2 — Nr. 4 § 2
Frequenz Nr. 24
Gebäudeleitungen zu Blitzableitern Nr. 37
Generator Nr. 24
Glühlampengruppen Nr. 1 § 11
Grubenräume Nr. 1 § 2
Handapparate Nr. 18
Hefnerkerze Nr. 27
Hefnerlux Nr. 27
Heiße Räume Nr. 1 § 2
Hochspannungsanlage Nr. 1 § 2 und § 1 der Betriebsvorschriften
Hochspannungsapparate für Wechselstrom Nr. 22
Induktivität Nr. 38
Installationen im Freien Nr. 1 § 2
Installationsmaterial Nr. 20
Isolationszustand Nr. 1 § 5
Isolierstoffe für Hochspannung Nr. 1 § 5
Kapazität Nr. 38
Kapselung als Schlagwetterschutzvorrichtung Nr. 3
Kerze Nr. 27
Klemmenbezeichnung bei Maschinen usw. Nr. 25
Kommutator Nr. 24
Kommutierung Nr. 24
Kurzschlußstrom für Wechselstrom-Hochspannungsapparate Nr. 22 A
Kurzzeitiger Betrieb Nr. 24 § 4
Läufer Nr. 24
Lagerräume siehe feuergefährliche und explosionsgefährliche Betriebsstätten
Leistung einer Bogenlampe Nr. 29
Leistungsfaktor Nr. 24
Leitungskupfer Nr. 13 § 1
Lichtabgabe Nr. 27
Lichtausbeute bei Bogenlampen Nr. 29
Lichtstärke Nr. 27
Lichtstärke röhrenförmiger Lichtquellen Nr. 31
Lichtstärke von Glühlampen Nr. 28
Lichtstrom Nr. 27
Lumen Nr. 27
Lux Nr. 27
Magnetische Energie Nr. 38
Mehrfachleitersystem Nr. 38
Methoden zur Bestimmung des WirkungsgradesNr. 24 §§ 36 bis 44
Motor Nr. 24
Motorgenerator Nr. 24
Niederspannungsanlagen Nr. 1 § 2 und § 1 der Betriebsvorschriften
Praktischer spezifischer Effektverbrauch einer Bogenlampe Nr. 29
Räume siehe feuchte, durchtränkte, heiße Räume
Rotor siehe Läufer
Schlagwettergefährliche Grubenräume Nr. 1 § 2
Schlagwetterkapselungen Nr. 3 A
Schleife Nr. 38
Schutzmittel gegen Spannung führende Teile Nr. 1 § 2 der Betriebsvorschriften
Spannung Nr. 24
Spannung beim Prüfen von Wechselstrom-Hochspannungsapparaten Nr. 22 § 6
Spannungsänderung eines Generators Nr. 24 §§ 45 bis 49
Spezifischer Verbrauch einer Beleuchtung Nr. 32
Ständer Nr. 24
Stator siehe Ständer
Sternspannung Nr. 24
Stromerzeuger Nr. 24
Temperatur der Umgebung bei Maschinen und Transformatoren Nr. 24 §§ 12, 13
Transformator Nr. 24
Übersetzung Nr. 24
Umformer Nr. 24
Ungleichmäßigkeit der Beleuchtung Nr. 32
Verlustziffer bei Prüfungen von Eisenblech Nr. 23, 3
Voltampere Nr. 24
Wärmesicher Nr. 1 § 2 — Nr. 20 § 2 — Nr. 21 § 2
Wechselstrom Nr. 24
Widerstand Nr. 38
Wirkungsgrad Nr. 24
Wirkungsgradmethoden Nr. 24 §§ 36 bis 44

VI. Beschäftigung von Studierenden in Elektrizitätswerken.

Nach Ansicht des Vorstandes des Verbandes Deutscher Elektrotechniker ist es zweckmäßig, wenn das Studium der angehenden Elektroingenieure in vorgerücktem Semester eine praktische Ergänzung durch eine mehrmonatliche Tätigkeit im Betrieb eines Elektrizitätswerkes erfährt. Um die Durchführung dieses Gedankens zu ermöglichen, hat der Verband Deutscher Elektrotechniker unter freundlicher Unterstützung der Vereinigung der Elektrizitätswerke eine größere Anzahl von Elektrizitätswerken gebeten, den Studierenden vorgerückten Semesters zu einer solchen praktischen Tätigkeit Gelegenheit zu geben. Die Bemühungen sind von Erfolg begleitet gewesen, da sich insgesamt zirka 140 Elektrizitätswerke zur vorübergehenden Beschäftigung Studierender bereit erklärt haben. Einige der größeren Werke werden gleichzeitig mehreren Herren Gelegenheit zur Weiterbildung geben.

Seitens der Elektrizitätswerke werden folgende Bedingungen gestellt:
1. die Beschäftigung erfolgt ohne gegenseitige Vergütung;
2. der Studierende unterwirft sich allen bei den Werken bestehenden Bestimmungen, insbesondere auch der Arbeitsordnung;
3. der Studierende hat keinen Anspruch auf Entschädigung irgendwelcher Art bei Unfällen, welche ihm im Betriebe direkt oder indirekt zustoßen. Kosten für etwa notwendig erscheinende Versicherungen sind von den Studierenden selbst zu tragen.

Nachstehende Tabelle enthält diejenigen Werke, welche ihre Bereitwilligkeit zur Beschäftigung von Studierenden erklärt haben. Wenn hiervon Gebrauch gemacht werden soll, ist in jedem Fall eine besondere Verhandlung mit der Leitung des Werkes vorher erforderlich.

Verzeichnis der Elektrizitätswerke, welche sich bereit erklärt haben, Studierenden in vorgerückten Semestern Gelegenheit zu einer mehrmonatlichen Tätigkeit im Betriebe zu bieten.

Aarhus (Dänemark), Elektrizitätswerk.
Achern i. Baden, Rhein. Schuckert-Gesellschaft, Mannheim.
Aibling, Bad (Bayern), Städt. Elektrizitätswerk.
Alfeld (Leine), Städt. Elektrizitätswerk.
Altenessen, Städt. Elektrizitätswerk.
Aisleben a. S. Elektrizitätswerk, e. Genoss. m b. H.
Annaberg i. Erzgeb., Städt. Elektrizitätswerk.
Ansbach, Fränkische Überlandzentrale, A.-G.
Apenrade, Reg.-Bez. Schleswig, Elektrizitätswerk, A.-G.
Auerbach (Vogtl.), Städt. Elektrizitätswerk.

Augsburg, Lech-Elektrizitätswerk, A.-G.
Bachhagel, Elektrizitätswerk für das Bach- u. Egautal, e. G. m. b. H.
Barmen, Städt. Elektrizitätswerk.
Berchtesgaden (Bayern), Elektrizitätswerk, Cont.-Gesellschaft für elektrische Unternehmen, Nürnberg.
Bernstadt i. Schlesien, Elektrizitätswerk Hollaender.
Bielefeld, Städt. Elektrizitätswerk.
Bingen, Elektrizitätswerk Brown, Boverie & Cie. A.-G.
Blankenese in Schleswig, Gemeinde-Elektrzitätswerk.
Bredstedt in Schleswig, Städt. Elektrizitätswerk.
Breslau, Städt. Elektrizitätswerk.
Breslau-Gräbschen, Elektr. Straßenbahn A.-G.
Bretleben, Reg.-Bez. Merseburg, Elektrizitätswerk Bretleben und Umgegend, e. Genoss. m. b. H.
Bromberg, Allg. Lokal- und Straßenbahn-Gesellschaft.
Cassel-Wilhelmshöhe, Henkels Elektrizitätswerk.
Clausthal i. Harz, Körtings Elektrizitätswerke, A.-G., Berlin.
Coblenz, Coblenzer Straßenbahn-Gesellschaft.
Corbach i. Waldeck, Robert Wefels, Hannover.
Danzig, Städt. Elektrizitätswerk.
Dessau, Elektrizitätswerk, Deutsche Continental-Gasgesellschaft.
Dessau-Anhalt, Überlandzentale, Deutsche Continental-Gasgesellschaft.
Deuben i. Sachsen, Elektrizitätswerk für den Plauenschen Grund.
Deutsch-Krone i. Westpr., Überlandzentrale des Kreises.
Dillingen a. D., Städt. Elektrizitätswerk.
Dortmund (Westf.), Verbands-Elektrizitätswerk, A.-G.
Edenkoben (Pfalz), Rhein. Schuckert-Gesellschaft, A.-G., Mannheim.
Elberfeld, Überland- und Zechenzentrale Kupferdreh, G. m. b. H.
Elbing i. Westpr., Elektrizitätswerk und Straßenbahn, G. m. b. H.
Elsterwerda, Reg.-Bez. Merseburg, Elektrizitätswerk der Elektr. Lief.-Gesellschaft Berlin.
Emanuelgrube bei Mückenberg (Niederlausitz), Elektrizitätswerk der Braunkohlen- und Brikettindustrie A.-G.
Erfurt, Städt. Elektrizitätswerk.
Erkelenz, Reg.-Bez. Aachen, Städt. Elektrizitätswerk und Wasserwerk.
Erstein i. Unterelsaß, Städt. Elektrizitätswerk.
Essen, Rhein.-Westf.-Elektrizitätswerk, A.-G.
Flatow i. Westpr., Überlandzentrale, e. G. m. b. H.
Frankfurt, Städt. Elektriztätswerk.
Freiburg i. Br., Städt. Elektrizitätswerk.
Fröndenberg (Ruhr), Elektrizitätswerk und Wasserwerk der Gemeinde.
Fürth i. B., Städt. Elektrizitätswerk.
Gebweiler i. Els.-Lothr., Elektrizitäts-Gesellschaft von Gebweiler und Umgebung, A.-G.
Geestemünde, Reg.-Bez. Stade, Städt. Elektrizitätswerk.
Gera-Reuß, Straßenbahn A.-G.
Gleiwitz, Reg.-Bez. Oppeln, Schles. Elektrizitäts- und Gas-Akt.-Ges.
Godesberg a. Rhein, Elektrizitätswerk der Gemeinde.
Graudenz i. Westpr., Städt. Elektrizitätswerk und Wasserwerke.
Grünzburg i. Bayern, Elektrizitätswerk.
Hagen in Westf., Städt. Elektrizitätswerk.
Halberstadt, Städt. Elektrizitätswerk.
Hameln a. d. W., Städt. Elektrizitätswerk.
Hannover, Städt. Elektrizitätswerk.

Harbke b. Helmstedt, Harbker Kohlenwerke.
Helmstedt, Reg.-Bez. Magdeburg, Überlandzentrale, A.-G.
Herne i. Westf., Städt. Elektrizitätswerk.
Herten i. Westf., Recklinghausener Straßenbahn-Ges.
Heuchlingen i. Württbg., Elektrizitätswerk für die Heidenheimer und Ulmer Alb, Gen. m. b. H.
Hirschberg i. Schl., Städt. Elektrizitätswerk.
Iserlohn, Städt. Elektrizitätswerk.
Karlsruhe, Städt. Elektrizitätswerk.
Karthaus i. Westpr., Überlandzentrale Ruthken des Kreises Karthaus.
Kirchhain (Bez. Cassel), Städt. Elektrizitätswerk.
Klingenthal i. Sachsen, Gemeinde-Elektrizitätswerk.
Königsberg i. Pr., Elektrizitätswerk und Straßenbahn A.-G.
Kunzendorf (Niederlausitz), Lohser Werke, Bergbaugesellschaft in Kunzendorf.
Landshut i. Niederbayern, Städt. Elektrizitätswerk.
Langenberg-Reuß, Überlandzentrale Gera-Langenberg.
Lichtenberg i. Erzgebirge, Überlandstromverband Freiberg.
Liegnitz, Elektrizitätswerk, A.-G.
Lindau i. Schwaben, Sttädt. Elektrizitätswerk.
Linden b. Hannover, Städt. Elektrizitätswerk.
Linz-Urfahr, Tramway und Elektrizitätsgesellschaft.
Ludwigsburg, Elektrizitätswerk Beihingen-Pleidelsheim A.-G.
Lunzenau (Mulde), Städt. Elektrizitätswerk.
Magdeburg, Städt. Elektrizitätswerk.
Mainz, Städt. Elektrizitätswerk.
Meißen i. Sachsen, Städt. Elektrizitätswerk.
Memel, Ostdeutsche Eisenbahn-Gesellschaft, Königsberg.
Minden i. Westf., Städt. Elektrizitätswerk.
Mittweida, Städt. Elektrizitätswerk.
Möhringen, Württembergische Nebenbahnen.
Mücheln, Reg.-Bez. Merseburg, Elektrizitswerk Mücheln und Umgegend, G. m. b. H.
Mühlhausen i. Th., Elektrizitätswerk.
München, Isarwerke, G. m. b. H.
München, Städt. Elektrizitätswerk.
München-Gladbach, Städt. Elektrizitätswerk.
Naila i. Oberfr., Städt. Elektrizitätswerk.
Neubreisach i. Els., Städt. Elektrizitätswerk.
Neunkirchen, Reg.-Bez. Trier, Gemeinde-Elektrizitätswerk.
Nordhausen, Elektrizitätswerk und Straßenbahn-A.-G. vorm. Schuckert & Co., Nürnberg.
Nürnberg, Maschinenfabrik Augsburg-Nürnberg.
Oberweimar, Überlandzentrale, G. m. b. H.
Oehringen, Gemeindeverband Hohenlohe-Oehringen.
Osnabrück, Städt. Elektrizitätswerk.
Osterwieck (Harz), Städt. Elektrizitätswerk.
Paderborn, Paderborner Elektrizitätswerk und Straßenbahn, A.-G.
Pfungstadt i. Großh. Hessen, Städt. Elektrizitätswerk.
Pirna i. Sachsen, Elbtalzentrale, A.-G.
Plaidt, Reg.-Bez. Coblenz, Elektrizitätswerk Rauschermühle, A.-G.
Plauen i. Vogtl., Städt. Elektrizitätswerk.
Prenzlau, Reg.-Bez. Potsdam, Städt. Elektrizitätswerk.
Ranis i. Th., Städt. Elektrizitätswerk.
Rathenow, Reg.-Bez. Potsdam, Elektrizitätswerk, A.-G.
Regensburg, Städt. Elektrizitätswerk.

Rendsburg, Städt. Gas-, Wasser- und Elektrizitätswerk.
Ronneburg, S.-A. Elektrizitäts-Genossenschaft Osterland m. b. H.
Rummelsburg i. Pommern, Städt. Elektrizitätswerk.
Schönau i. W., Städt. Elektrizitätswerk.
Schöneberg b. Berlin, Elektrizitätswerk Südwest
Schweidnitz i. Schles., Städt. Elektrizitätswerk.
Schwenningen a. N., Städt. Elektrizitätswerk.
Schwerin a. W., Überlandzentrale Birnbaum-Meseritz, e. G. m. b. H.
Sonneberg (Sa.-Mein.), Städt. Elektrizitätswerk.
Stargard i. Pommern, Städt. Gas-, Wasser- und Elektrizitätswerk.
Starnderg i. Oberbayern, El.-Akt.-Ges. vorm Schuckert & Co., Nürnberg.
Steglitz b. Berlin, Städt. Elektrizitätswerk.
Stolp i. Pommern, Städt. Elektrizitätswerk.
Storkow (Mark), Städt. Elektrizitätswerk.
Strausberg i. Mark, Städt. Elektrizitätswerk.
Stuttgart, Städt. Elektrizitätswerk.
Tangermünde, Reg.-Bez. Magdeburg, Städt. Beleuchtungs-Deputation.
Thorn i. Westpr., Elektrizitätswerke, A.-G.
Tilsit, Elektrizitäts-A.-G. vorm. W. Lahmeyer & Co., Frankfurt a. M.
Treuen i. Vogtl., Städt. Elektrizitätswerk.
Trier, Städt. Elektrizitätswerk.
Tübingen i. Württbg., Städt. Elektrizitätswerk.
Uelzen i. Hannover, Städt. Elektrizitätswerk.
Unterjesingen i. Württbg., Elektr. Kraftübertragungen, G. m. b. H.
Velten b. Berlin, Gemeinde-Elektrizitätswerk.
Vohwinkel, Reg.-Bez. Düsseldorf, Elektrizitätswerk.
Waldenburg i. Sachsen, Städt. Elektrizitätswerk.
Waldsee i. Württbg., Elektrizitätswerk Waldsee-Aulendorf, A.-G.
Weißwasser (Lausitz), Lausitzer Elektrizitätswerk, G. m. b. H.
Wittenberge, Bez. Potsdam, Städt. Elektrizitätswerk.
Worms, Elektrizitätswerk Rheinhessen, A.-G.

VII. Sonstige vom Verband bezw. auf seine Veranlassung hin oder unter seiner Mitwirkung unternommene Arbeiten.

Außer den in den Abschnitten II und III aufgezählten Verbandsbestimmungen hat der Verband noch sehr viele andere Arbeiten erledigt oder ist daran beteiligt gewesen. Eine lückenlose Aufzählung derselben ist naturgemäß hier nicht möglich. Es wird deshalb nachstehend nur über die wichtigsten Arbeiten berichtet.

Als umfangreichstes Werk ist die **Statistik der Elektrizitätswerke in Deutschland** zu nennen. In Erkenntnis der Bedeutung dieser Arbeit hat eine ganze Reihe von Behörden, Vereinen, Firmen und Fachgenossen zur Beschaffung der Unterlagen beigetragen. Unter Elektrizitätswerken im Sinne dieser Statistik sind alle

Stromerzeugungs- und Verteilungsanlagen verstanden, welche unter Benutzung öffentlichen Grund und Bodens zur Verlegung der Leitungen Strom für Licht- oder Kraftzwecke verkaufen. Diese Statistik zerfällt in fünf Teile. Der Hauptanteil enthält die Elektrizitätswerke mit Angaben, ob eine eigene Stromerzeugung oder Fremdlieferung in Frage kommt, sowie Angaben über Strom- und Leitungsart, Spannung, Betriebskraft, Alter der Werke, Anzahl und Einwohnerzahl der versorgten Orte, Zahl der angeschlossenen Meßapparate, Maschinenleistung, Maximalbelastung der Werke, Zahl und Leistung der angeschlossenen Stromverbraucher, Angabe des Gesamtanschlußwertes, der abgegebenen Kilowattstunden und des Anlagekapitals. Im zweiten Abschnitt sind einige Elektrizitätswerke aufgeführt, die angeblich bestehen, über die jedoch keine Angaben zu erhalten waren. Der dritte Abschnitt enthält die Elektrizitätswerke nach Verwaltungsbezirken geordnet. Im vierten Abschnitt sind die mit Elektrizität versorgten Orte alphabetisch geordnet aufgezählt. Der letzte Abschnitt enthält eine Zusammenstellung der Ergebnisse der Statistik, und zwar bringt er die wichtigsten Daten allgemeiner Bedeutung.

Im Laufe der Zeit entwickelten sich zwischen den **Staatsbehörden** und dem Verbande rege Beziehungen, zum Teil in der Form, daß Maßnahmen des Verbandes auf Veranlassung und Weisung der Regierung durchgeführt wurden; oft wurde auch der Verband von den Behörden bei Vorberatungen über Gesetzentwürfe und sonstige Maßnahmen herangezogen. Es wurde ihm Gelegenheit gegeben, die Wünsche der von ihm vertretenen deutschen Elektrotechnik an maßgebender Stelle zur Geltung zu bringen. So fand besonders eine Mitwirkung des Verbandes statt bei der Aufstellung des Gesetzentwurfes über elektrische Maßeinheiten, der Aufstellung des Telegraphenwegegesetzes; er nahm ferner Stellung zu der beabsichtigten staatlichen Regelung der Überwachung und Nachprüfung elektrischer Anlagen, der Besteuerung von Elektromobilen, Besteuerung der Elektrizität und der Beleuchtungsmittel und zu der Schaffung des Wassergesetzes.

Weiter beteiligte sich der Verband an der Gründung des 1907 vom Elektrotechnischen Verein Berlin ins Leben gerufenen **Ausschusses für Einheiten und Formelgrößen (AEF)**. Von diesem Ausschuß, dem noch eine größere Zahl technischer Vereinigungen angehört, wurden bisher nachstehende Beschlüsse herausgegeben:

Der Wert des mechanischen Wärmeäquivalents; Leitfähigkeit und Leitwert; Temperaturbezeichnungen; Einheit der Leistung; Formelzeichen des AEF und Zeichen des AEF für Maßeinheiten.

Auch an dem vom Elektrotechnischen Verein Berlin gegründeten **Ausschuß für Blitzableiterbau** nahm der Verband Anteil. Dieser Ausschuß bezweckt die Aufstellung von Bauvorschriften für die Errichtung von Gebäudeblitzableitern, Verbreitung der Kenntnis von der Wirksamkeit des Blitzableiters und von den an einen solchen zu stellenden Anforderungen, sowie Förderung des Blitzableiterbaues, insbesondere bei ländlichen Gebäuden.

Bei wichtigen, die ganze Elektrotechnik betreffenden Fragen geht der Verband Hand in Hand mit **andern elektrotechnischen Organisationen**, wie z. B. der Vereinigung der Elektrizitätswerke, dem Electrobund, dem Zentralverband der deutschen elektrotechnischen Industrie, dem Verein zur Wahrung gemeinsamer Wirtschaftsinteressen der deutschen Elektrotechnik, dem Verband der elektrotechnischen Installationsfirmen in Deutschland, dem Verein Deutscher Straßen- und Kleinbahnverwaltungen, der Geschäftsstelle für Elektrizitätsverwertung u. a. Auch mit nicht elektrotechnischen Vereinigungen arbeitet der Verband.

Schon im Jahre 1909 hatte sich der Verband mit der Frage beschäftigt, den Studierenden Anleitungen zu geben wie, wo und wann sie praktisch arbeiten sollten, und ihnen, soweit wie möglich, auch Gelegenheit zu einer brauchbaren praktischen Vorbereitung zu schaffen und für eine zukünftige Ausbildung und eine gute Ausnützung der aufgewendeten Zeit zu sorgen. Das erzielte Ergebnis wurde dem vom Verein Deutscher Ingenieure ins Leben gerufenen **Deutschen Ausschuß für technisches Schulwesen** zur weiteren Behandlung überwiesen. Von diesem Ausschuß wurde zunächst ein Ratgeber für die Berufswahl unter dem Titel „Die Ausbildung für den technischen Beruf in der mechanischen Industrie" herausgegeben. Gelegentlich der Behandlung dieser Angelegenheit im Vorstand zeigte es sich als wünschenswert, wenn Praktikanten einen Teil ihrer Tätigkeit auch im Betriebe von Elektrizitätswerken verbrächten. Es gelang durch Vermittlung der Vereinigung der Elektrizitätswerke zu erreichen, daß eine große Zahl von Elektrizitätswerken sich bereit erklärte, Studierenden in höheren Semestern Gelegenheit zu einer mehrmonatigen Tätigkeit in ihrem Betriebe zu geben. (Siehe auch Abschnitt VI.)

Mit dem Verein Deutscher Eisenhüttenleute, dem Verein Deutscher Maschinenbauanstalten, dem Deutschen Verein von Gas- und Wasserfachmännern, dem Verein Deutscher Chemiker, der Schiffbautechnischen Gesellschaft, dem Verband Deutscher Architekten und Ingenieurvereine u. a. wurde der **Deutsche Verband Technischwissenschaftlicher Vereine** gegründet. Diese Vereinigung bildet jetzt mit ihren etwa 60 000 Mitgliedern eine ganz Deutschland umfassende Organisation, die dazu berufen sein wird, in Fragen der technischen Gesetzgebung, der Vereinheitlichung technischer Grundformen, des technischen Unterrichtswesens, in allen die Technik und den technischen Stand berührenden Angelegenheiten mit Auskunft und Mitarbeit den staatlichen und städtischen Behörden und allen Kreisen des Volkes zur Seite zu stehen, hierbei aber auch der Technik im Rahmen des Ganzen die ihr zukommende Stellung zu sichern.

Als es sich als wünschenswert herausstellte, die beleuchtungstechnischen Aufgaben von einem Mittelpunkt aus zur Behandlung zu stellen, damit nicht verschiedene Fachgebiete, wie Gastechnik und Elektrotechnik auf dem gleichen wissenschaftlichen Gebiet getrennt arbeiten, wurde auf Vorschlag des Verbandes mit der Physikalisch-technischen Reichsanstalt und dem Deutschen Verein von Gas- und Wasserfachmännern die **Deutsche Beleuchtungstechnische Gesellschaft** gegründet.

Seit kurzem arbeitet der Verband gemeinsam mit dem Verein Deutscher Eisenhüttenleute und dem Verein Deutscher Ingenieure an der Herausgabe einer deutsch-technischen **Auslandszeitschrift**. Diese bezweckt, die Leistungen der deutschen Ingenieurkunst, der deutschen Maschinenfabriken und Hüttenwerke im Ausland mehr als bisher bekannt zu machen und in einer dem ausländischen Konsumenten gut verständlichen Darstellung zu schildern und dadurch der deutschen Industrie den Absatz ihrer Erzeugnisse auf dem Weltmarkt zu erleichtern.

An der Gründung der **Internationalen Elektrotechnischen Kommission**, in welcher vierundzwanzig Staaten mitwirken, beteiligte sich der Verband ebenfalls und bildete in Gemeinschaft mit der Vereinigung der Elektrizitätsfirmen und der Vereinigung der Elektrizitätswerke das dabei vorgesehene Deutsche Komitee dieser Kommission.

Besonders rege Beziehungen unterhält der Verband zu den elektrotechnischen Vereinigungen in **Österreich, Ungarn und der Schweiz**. Es wurden zwischen diesen Übereinkommen getroffen, die ein planmäßiges Zusammenarbeiten aller dieser Vereine begründen. Dadurch ist es möglich, die erstrebte Einheitlichkeit der Vorschriften in Zukunft immer weiter auszudehnen und der Elektroindustrie erhebliche Vereinfachungen und damit Erleichterungen zu schaffen.

VIII. Verzeichnis der Verbandsarbeiten, von denen Sonderdrücke erschienen sind.*)

Normalien, Vorschriften und Leitsätze des Verbandes Deutscher Elektrotechniker
(Normalienbuch). 9. Auflage . . . . M12,—
Bericht über die Jahresversammlung des Verbandes in Köln 1909.
Thema: Dampfturbinen und Turbodynamos.
Der Bericht über die Jahresversammlung des Verbandes in Braunschweig 1910
(Thema: Die Elektrizität in der Landwirtschaft) ist vergriffen.
Bericht über die Jahresversammlung des Verbandes in München 1911
Thema: Die Elektrizität im Hause.
Bericht über die Jahresversammlung des Verbandes in Leipzig 1912.
Thema: Bau großer Kraftwerke.
Bericht über die Jahresversammlung des Verbandes in Breslau 1913.
Thema: Verteilung großer Leistungen auf ausgedehnte Gebiete.
Bericht über die Jahresversammlung des Verbandes in Magdeburg 1914.
Thema: Eektrizität auf Schiffen.
Der Preis beträgt pro Jahrgang:
Für Mitglieder (direkt von der Geschäftsstelle bezogen) . . . . M 2,50
Für Nichtmitglieder . . . . M 3,50
Bericht über die Jahresversammlung des Verbandes in Frankfurt a. M. 1916.
Thema: Elektrische Großwirtschaft unter staatlicher Mitwirkung.
Preis für Mitglieder (von der Geschäftsstelle direkt bezogen) . . . . M 1,50
Für Nichtmitglieder . . . . M 2,50
Bericht über die Jahresversammlung des Verbandes in Berlin 1918.
Thema: Die Hochspannungsstraßen der Elektrizität.
Preis für Mitglieder (von der Geschäftsstelle direkt bezogen) . . . . M 1,50
Für Nichtmitglieder . . . . M 2,50
Die vorstehenden Berichte enthalten die Verhandlungen, Beschlüsse, Vorträge
und Diskussionen der betreffenden Jahresversammlung des Verbandes.
Der Verband Deutscher Elektrotechniker 1893 bis 1918. Herausgegeben zur Feier
des 25 jährigen Bestehens am 1. Juni 1918.
Von der Geschäftsstelle direkt erhältlich einschl. Versandkosten . . . . M 4,50
Statistik der Elektrizitätswerke in Deutschland nach dem Stande vom 1. IV. 1913.
Preis für Mitglieder (von der Geschäftsstelle direkt bezogen einschließlich Versandkosten) . . . . M 5,50
Preis für Nichtmitglieder . . . . M 8,—
Ausnahmebestimmungen für die Übergangszeit (jeweils neueste Auflage von der Geschäftsstelle direkt erhältlich) . . . . M 1,—
Vorschriften für die Errichtung und den Betrieb elektrischer Starkstromanlagen
nebst Ausführungsregeln. Gültig ab 1. VII. 1915. — Anleitung zur ersten Hilfeleistung usw. Gültig ab 1. VII. 1907. — Empfehlenswerte Maßnahmen bei Bränden.
Gültig ab 1. VII. 1910. In einem Bande. Taschenformat, kart. . . . . M 1,20
10 Expl. M. 11,50; 25 Expl. M 27,50; 100 Expl. M 105,—.

---

*) Sämtliche nachstehend aufgeführten Veröffentlichungen des Verbandes sind, wenn nichts anderes angegeben ist, von der Verlagsbuchhandlung Julius Springer, Berlin W., zu beziehen. Die angegebenen Preise gelten zur Zeit der Herausgabe des Wegweisers. Da sie infolge der Schwankungen des Papierpreises und der Löhne Änderungen unterworfen sein können, so wird vor Bestellung jeweils Anfrage bei der Verlagsbuchhandlung empfohlen. Die Plakate auf Blechtafeln werden von den Firmen Gustav Herrmann, Berlin, W. Jakubowski, Chemnitz, F. Krockert & Co, Halle, Union-Werke, Radebeul-Dresden, C. Werthmann, Berlin und J. E. Wunderle, Mainz, geliefert. Preise auf Anfrage bei diesen Firmen.

Vorschriften für die Errichtung und den Betrieb elektrischer Starkstromanlagen nebst Ausführungsregeln, Ausgabe für Bergwerke. Gültig ab 1. VII. 1915. — Anleitung zur ersten Hilfeleistung usw. Gültig ab 1. VII. 1907. — Empfehlenswerte Maßnahmen bei Bränden. Gültig ab 1. VII. 1910. In einem Bande. Taschenformat M 1,— 10 Expl. M 9,50; 25 Expl. M 22,—; 100 Expl. M 75,—.

Betriebsvorschriften. Gültig ab 1. VII. 1915. (Zweiter Teil der „Vorschriften für die Errichtung und den Betrieb elektrischer Starkstromanlagen".) — Anleitung zur ersten Hilfeleistung bei Unfällen im elektrischen Betriebe. Gültig ab 1. VII. 1907. — Empfehlenswerte Maßnahmen bei Bränden. Gültig ab 1. VII. 1910. In einem Bande. Taschenformat . . . . M 0,60
    10 Expl. M 5,—; 25 Expl. M 11,25; 100 Expl. M 40,—.

Betriebsvorschriften. Gültig ab 1. VII. 1915. — (Zweiter Teil der „Vorschriften für die Errichtung und den Betrieb elektrischer Starkstromanlagen".)
    Plakatformat auf Kartonpapier.
    10 Exemplare . . . . M 3,—
    25 Exemplare . . . . M 6,—
    Auch in Plakatformat auf Blechtafeln erhältlich. (Näheres siehe in der Fußnote auf der vorigen Seite.)

Leitsätze für Schutzerdungen nebst Erläuterungen. Gültig ab 1. VII. 1914 . . . . M 0,25
    10 Expl. M 2,—; 50 Expl. M 8,—; 100 Expl. M 12,—; 500 Expl. M 40,—; 1000 Expl. M 60,—.

Leitsätze für die Ausführung von Schlagwetter-Schutzvorrichtungen an elektrischen Maschinen, Transformationen und Apparaten. Gültig ab 1. VII. 1912. 10 Expl. M 0,40

Sicherheitsvorschriften für elektrische Straßenbahnen und straßenbahnähnliche Kleinbahnen. Gültig ab 1. X. 1906. Taschenformat . . . . kart. M 0,50
    10 Expl. M 4,50; 25 Expl. M 10,—; 100 Expl. M 35,—.

Vorschriften zum Schutze der Gas- und Wasserröhren gegen schädliche Einwirkungen der Ströme elektrischer Gleichstrombahnen, die die Schienen als Leiter benutzen. (Mit Erläuterungen.) Gültig ab 1. VII. 1910 . . . . M 0,40

Anleitung zur ersten Hilfeleistung bei Unfällen in elektrischen Betrieben. Gültig ab 1. VII. 1907. Mit Erläuterungen
    Taschenformat. 10 Exemplare . . . . M 0,60
    100 Exemplare . . . . M 5,—
    Plakatformat auf Kartonpapier
    10 Exemplare . . . . M 6,—
    25 Exemplare . . . . M 14,—
    Auch in Plakatformat auf Blechtafeln erhältlich. (Näheres siehe in der Fußnote auf der vorigen Seite.)

Empfehlenswerte Maßnahmen bei Bränden. Gültig ab 1. VII. 1910.
    Taschenformat. 10 Exemplare . . . . M 0,25
    100 Exemplare . . . . M 2,—
    Plakatformat auf Kartonpapier
    10 Exemplare . . . . M 6,—
    25 Exemplare . . . . M 14,—
    Auch in Plakatformat auf Blechtafeln erhältlich. (Näheres siehe in der Fußnote auf der vorigen Seite.)

Merkblatt für Verhaltungsmaßregeln gegenüber elektrischen Freileitungen. Gültig ab 1. VII. 1914 . . . . 10 Expl. M 0,25
    50 Expl. M 1,10; 100 Expl. M 2,—; 1000 Expl. M. 18,—.
    Plakatausg , 10 Expl. M 3,—; 25 Expl. M 6,—.

Leitsätze für die Konstruktion und Prüfung elektrischer Starkstrom-Handapparate für Niederspannungsanlagen (ausschließl. Koch- und Heizapparate). Gültig ab 1. VII. 1914. 10 Expl. . . . . M 0,25
    100 Expl. M 2,—.

Normalien für isolierte Leitungen in Starkstromanlagen.
Gültig ab 1. VII. 1915 . . . . M 0,40
10 Expl. M 3,50; 50 Expl. M 17,—; 100 Expl. M 30 —.
Normalien für isolierte Leitungen in Fernmeldeanlagen (Schwachstromleitungen).
Gültig ab 1. VII. 1914 . . . . M 0,25
10 Expl. M 2.—; 25 Expl. M 4,—; 100 Expl. M 12,—.
Normalien für Freileitungen nebst Elräuterungen. Gültig ab 1. I. 1914 . . . . . . M 0,60
10 Expl. M 5,—; 50 Expl. M 22,50; 100 Expl. M 40,—.
Allgemeine Vorschriften für die Ausführung elektrischer Starkstromanlagen bei Kreuzungen und Näherungen von Bahnanlagen. Gültig ab 1. VII. 1908. — Allgemeine Vorschriften für die Ausführung und den Betrieb neuer elektrischer Starkstromanlagen (ausschließlich der elektrischen Bahnen) bei Kreuzungen und Näherungen von Telegraphen- und Fernsprechleitungen. Gültig ab 1. VII. 1908 . . . M 0,30
Normalien für Bewertung und Prüfung von elektrischen Maschinen und Transformatoren. Gültig ab 1. VII. 1914. — Normalien für die Bezeichnung von Klemmen bei Maschinen, Anlassern, Regulatoren und Transformatoren. Gültig ab 1. VII. 1909.
— Normale Bedingungen für den Anschluß von Motoren an öffentliche Elektrizitätswerke. Gültig ab 1. I. 1910. — Normalien für die Verwendung von Elektrizität auf Schiffen. Gültg ab 1. VII. 1904. In einem Bande. Taschenformat . . . . . kart. M 0,80
10 Expl. M 7,50; 25 Expl. M 17,—; 100 Expl. M 60,—.
Vorschriften für die Konstruktion und Prüfung von Installationsmaterial. Gültig
ab 1. VII. 1915 . . . . M 0,60
10 Expl. M 5,—; 25 Expl. M 11,25; 100 Expl. M 40,—.
Vorschriften für die Konstruktion und Prüfung von Schaltapparaten für Spannungen
bis einschl. 750 V. Gültig ab 1. VII. 1915 . . . . M 0,40
10 Expl. M 3,50; 25 Expl. M 8,50; 100 Expl. M 30,—.
Richtlinien für die Konstruktion und Prüfung von Wechselstrom-Hochspannungsapparaten von einschließlich 1500 V Nennspannung aufwärts. Gültig ab 1. I. 1914 . M 0,40
10 Expl. M 3,50; 50 Expl. M 17,—; 100 Expl. M 30,—.
Leitsätze für die Errichtung elektrischer Fernmeldeanlagen (Schwachstromanlagen). Gültig ab 1. VII. 1914. Normalien für isolierte Leitungen in Fernmeldeanlagen (Schwachstromleitungen). Gültig ab 1. VII. 1914. — Leitsätze für den Anschluß von Schwachstromanlagen an Starkstromnetze durch Transformatoren oder Kondensatoren. Gültig ab 1. VII. 1912. In einem Bande . . . . M 0,40
10 Expl. M 3,50; 25 Expl. M 8,50; 100 Expl. 30,—.
Leitsätze für die Herstellung und Einrichtung von Gebäuden bezüglich Versorgung mit Elektrizität. Gültig ab 1. VII. 1910 . . . . M 0,25
10 Expl. M 2,—; 50 Expl. M 8,—; 100 Expl. M 12,—; 500 Expl. M 40,—; 1000 Expl. M 60,—.
Leitsätze über den Schutz der Gebäude gegen den Blitz. Gültig ab 1. VII. 1901
10 Expl. M 0,25
50 Expl. M 1,10; 100 Expl. M 2,—; 1000 Expl. M 18,—.
Leitsätze über den Schutz der Gebäude gegen den Blitz, nebst Erläuterungen, Ausführungsvorschlägen und Anhängen 1—3 . . . . M 0,30
10 Expl. M 2,60; 25 Expl. M 6,25; 100 Expl. M 22,—.
Photometrische Einheiten. — Vorschriften für die Messung der mittleren horizontalen Lichtstärke von Glühlampen. — Normalien für Bogenlampen. — Vorschriften für die Photometrirung von Bogenlampen. — Normalien für die Beurteilung der Beleuchtung. — Einheitliche Bezeichnung von Bogenlampen . . . . M 0,40
10 Expl. M 3,50; 50 Expl. M 17,—; 100 Expl. M 30,—.
Außerdem werden im Auftrage des Verbandes herausgegeben:
Erläuterungen zu den Vorschriften für die Errichtung und den Betrieb elektrischer Starkstromanlagen und Bühnen (einschl. Bergwerksvorschriften). Von Dr. C L. Weber. 12. Auflage. Verlag von Julius Springer. Preis kart. M 7 —.

Erläuterungen zu den Maschinen-Normalien, Anschlußbedingungen für Motoren und Klemmenbezeichnungen. Von Dr. Ing. G. Dettmar. 5. Auflage. Verlag von Julius Springer. Preis geb. M 3,60.

Erläuterungen zu den Normalien für isolierte Leitungen in Starkstromanlagen, desgl. in Fernmeldeanlagen und den Kupfernormalien. Von Dr. R. Apt. Verlag von Julius Springer. Preis geb. M 3,—.

Erläuterungen zu den Vorschriften für die Konstruktion und Prüfung von Installationsmaterial, von Schaltapparaten für Spannungen bis einschließlich 750 V und den Normalien über die Abstufung von Stromstärken und über Anschlußbolzen. Von Dr. Ing. G. Dettmar. Preis geb. M. 4,—.

Es ist ferner die Einrichtung getroffen, daß sämtliche Neuveröffentlichungen des Verbandes, darunter auch die Entwürfe zu neuen Arbeiten, im Abonnement zum Jahrespreise von M 20,— bezogen werden können. — Näheres hierüber bei der Geschäftsstelle Berlin SW 11, Königgrätzer Str. 106.

IX. Wichtige Angaben über den Verband.

Es zeigte sich das Bedürfnis, die in größeren Orten Deutschlands bestehenden elektrotechnischen Fachvereine zusammenzuschließen, um der deutschen Elektrotechnik eine einheitliche über ganz Deutschland sich erstreckende Organisation zu geben. Den häufig zur Zusammenarbeit berufenen Fachmännern der elektrotechnischen Industrie und den sachverständigen Vertretern der staatlichen und kommunalen Verbände fehlte ein gemeinsames festeres Band, ein Sammelpunkt, wo sie ihre Ansichten austauschen, ihre Anschauungen klären und in Anknüpfung persönlicher Beziehungen gemeinsame Interessen pflegen konnten.

Diesen Vereinigungspunkt zu bilden und überhaupt einen Zusammenschluß der deutschen Elektrotechniker herbeizuführen, ist das Ziel des Verbandes, welcher im Jaher 1893 gegründet wurde.

Obenan steht die Wissenschaft. Ihren Fortschritt zu beleben, ihre Verbreitung und Vertiefung zu fördern, ist seine besondere Aufgabe. Weiter will der Verband Stellung nehmen zu den die Elektrotechnik berührenden Fragen hinsichtlich Gesetzgebung, Rechtsschutz und sonstige behördliche Maßnahmen.

Der Verband zählt zurzeit rund 5600 Mitglieder und umfaßt folgende 22 Vereine.

Elektrotechnischer Verein Aachen.
Elektrotechnischer Verein Berlin.
Elektrotechnischer Verein Breslau.
Dresdner Elektrotechnischer Verein.
Elektrotechnische Gesellschaft zu Frankfurt a. M.
Elektrotechnischer Verein Hamburg.
Elektrotechnische Gesellschaft Hannover.
Hessische Elektrotechnische Gesellschaft in Darmstadt.

Elektrotechnische Gesellschaft zu Köln a. Rh.
Elektrotechnische Gesellschaft Magdeburg.
Elektrotechnischer Verein Mannheim-Ludwigshafen.
Elektrotechnischer Verein München.
Elektrotechnische Vereinigung zu Leipzig.
Elektrotechnischer Verein am Niederrhein in Krefeld.
Elektrotechnische Gesellschaft Nürnberg.
Oberrheinischer Elektrotechnischer Verein in Karlsruhe.
Oberschlesischer Elektrotechnischer Verein in Kattowitz.
Elektrotechnischer Verein des Rheinisch-Westfälischen Industriebezirks in Essen (Ruhr).
Elektrotechnischer Verein an der Saar in Saarbrücken.
Schleswig-Holsteinischer Elektrotechnischer Verein in Kiel.
Thüringischer Elektrotechnischer Verein in Erfurt.
Württembergischer Elektrotechnischer Verein in Stuttgart.

Eine Aufzählung der wichtigsten Arbeiten des Verbandes ist bereits in den Abschnitten II und VII erfolgt. Es sei deshalb hier nur kurz nochmals auf eine seiner Hauptarbeiten hingewiesen.

Er stellt für Starkstrom und Schwachstrom Vorschriften, Normalien und Leitsätze auf, die sich auf die Sicherheit elektrischer Anlagen und auf die sachgemäße und einheitliche Formgestaltung elektrotechnischer Erzeugnisse beziehen. Viele dieser Arbeiten kommen unter Mitwirkung von Vertretern der Behörden zustande und sind von den Regierungen als technische Grundlage für die Herstellung und den Betrieb elektrischer Anlagen anerkannt. Die Vorarbeiten werden in zahlreichen Sitzungen von besonderen Kommissionen erledigt, bei deren Zusammensetzung Wert darauf gelegt wird, daß alle an der Behandlung der Aufgabe interessierten Kreise vertreten sind. Die von den Kommissionen als Ergebnis fertiggestellten Entwürfe werden dann im Verbandsorgan veröffentlicht. Nach Berücksichtigung von etwa eingegangenen Abänderungsvorschlägen werden dann die endgültigen Fassungen der Jahresversammlung zur Genehmigung vorgelegt.

Der Verband fördert außerdem das technische Unterrichts- und Schulwesen. So stellt er z. B. der elektrotechnischen Lehr- und Versuchsanstalt des Physikalischen Vereins zu Frankfurt a. M. eine jährliche Beisteuer zur Verfügung. Diese Anstalt gibt Arbeitern und niederen Technikern aus dem Elektrizitätsfach, die eine Lehrzeit als Schlosser, Mechaniker oder dergleichen vollendet haben, die Möglichkeit zur Aneignung theoretischer Fachkenntnisse.

Dem Verband ist die Verwaltung einer Stiftung des verstorbenen Verlagsbuchhändlers Max Günther in Höhe von 500 000 ℳ anvertraut. Diese Stiftung dient dazu, Angehörigen der deutschen

Elektroindustrie, besonders Technikern und Monteuren, Unterstützungen für weitere Ausbildung zu gewähren.

Alle offiziellen Ankündigungen des Verbandes, insbesondere auch die der Kommissionen, erfolgen durch das Verbandsorgan, die Eelktrotechnische Zeitschrift.

Um aber auch allen, welche die „ETZ" nicht lesen können oder denen sie nicht stets zur Hand ist, die Arbeiten des Verbandes leicht zugänglich zu machen, ist die Einrichtung getroffen, daß sämtliche neuen Veröffentlichungen des Verbandes, darunter auch die Entwürfe zu neuen Arbeiten, im Abonnement von der Geschäftsstelle bezogen werden können.

Die Kommissionsarbeiten des Verbandes werden alljährlich nach der Jahresversammlung zusammengestellt und in dem Buche „Normalien, Vorschriften und Leitsätze des V. D. E." herausgegeben.

Alljährlich findet in einer Stadt Deutschlands die Jahresversammlung der Verbandsmitglieder statt, welche den Meinungsaustausch über schwebende Fragen fördern soll. Die Bedeutung der Jahresversammlung liegt — abgesehen von den wertvollen fachlichen Erörterungen, die bei der Beschlußfassung über Vorlagen und in den an die Vorträge sich anschließenden Aussprachen stattfinden — in dem persönlichen Zusammenschluß zwischen den Fachleuten unter sich und den Verbandsmitgliedern mit ihren Gästen aus behördlichen und nahestehenden wissenschaftlichen wie industriellen Kreisen.

Die Jahresversammlung ist die letzte Instanz in den wichtigsten Verbandsangelegenheiten.

Zahlreiche Vorträge über die verschiedensten Gebiete der Elektrotechnik werden auf der Jahresversammlung von den berufendsten Fachmännern geboten. Besonders wertvoll und anregend sind die an die Vorträge sich anschließenden Diskussionen. Seit einigen Jahren wird für jede Jahresversammlung ein besonderes Hauptthema gewählt.

Die Leitung des Verbandes liegt dem Vorstand ob, welcher aus dem Vorsitzenden, zwei stellvertretenden Vorsitzenden und sechs weiteren Mitgliedern besteht. Ihm steht ein Ausschuß zur Seite, dessen Mitglieder teils von der Jahresversammlung direkt, teils von den zum Verband gehörigen Vereinen ernannt werden. Die Vorbereitung zu den Arbeiten des Verbandes sowie die Ausführung der Beschlüsse des Vorstandes, des Ausschusses der Kommissionen und der Jahresversammlungen liegt dem Generalsekretär ob, welcher als solcher die Geschäftsstelle des Verbandes leitet und die Verbandsgeschäfte im Sinne der vom Vorstand erteilten Richtlinien führt.

Mitglied des Verbandes kann jeder in Deutschland Wohnende sowie jeder Deutsche sein, der an der Elektrotechnik und ihr verwandten Berufszweigen ein wissenschaftliches oder praktisches Interesse hat. Auch können Behörden, Körperschaften, rechtsfähige Vereine, Gesellschaften und Handelsfirmen die Mitgliedschaft erwerben.

Durch die Zugehörigkeit zu einem der zum Verband gehörigen Vereine wird gleichzeitig die Mitgliedschaft des Verbandes erworben.

Zu den Mitgliedern gehören u. a. die führenden Firmen der Elektrotechnik und verwandter Berufszweige, Vertreter der staatlichen und städtischen technischen Verwaltungen, Hochschulprofessoren, Ingenieure, Installateure, Techniker und zahlreiche an der Entwicklung der deutschen Elektrotechnik in kaufmännischer Hinsicht Interessierte. Die Aufgaben, die der Verband Deutscher Elektrotechniker sich gestellt hat, und deren Erfüllung im Interesse der gesamten Industrie liegt, werden aber nur dann mit Erfolg gelöst, wenn möglichst alle in Frage kommenden Kreise sich an den Arbeiten beteiligen; denn die Vergrößerung der Mitgliedschaft ermöglicht es, Interessen der verschiedenen Fachgruppen besonders zu berücksichtigen und es ergibt sich ferner, daß die Arbeiten des Verbandes in immer größerem Maße sich Geltung verschaffen.

Die Mitglieder des Verbandes haben das Recht auf Teilnahme an den Jahresversammlungen des Verbandes nebst den dazugehörigen Vorträgen, Diskussionen und Besichtigungen, sowie Anspruch auf Zustellung der Verbandszeitschrift. Es besteht für sie die Möglichkeit der Mitwirkung an den Arbeiten betreffend Aufstellung von Normalien, Leitsätzen usw.

Sie genießen ferner Vorzugspreise beim Bezug der Berichte über die Jahresversammlungen, der Statistik der Elektrizitätswerke in Deutschland, der Statistik der Kleinbahnen Deutschlands, des Archivs für Elektrotechnik und des Jahrbuches der Elektrotechnik von Strecker.

Durch die Mitgliedschaft bei einem der zum Verband gehörigen Ortsvereine ist den Mitgliedern ferner Gelegenheit gegeben, sich an den Veranstaltungen dieser Vereine (Vorträge, Diskussionen, Besichtigungen usw.) zu beteiligen. Auch die von diesen Vereinen herausgegebenen Drucksachen, Jahresberichte usw. können vielfach kostenlos oder zu ermäßigten Preisen bezogen werden.

MIX
Papier aus verantwortungsvollen Quellen
Paper from responsible sources
FSC® C105338

If you have any concerns about our products,
you can contact us on
ProductSafety@springernature.com

In case Publisher is established outside the EU,
the EU authorized representative is:
**Springer Nature Customer Service Center GmbH
Europaplatz 3, 69115 Heidelberg, Germany**

Printed by Libri Plureos GmbH
in Hamburg, Germany